网络化协同工业设计研究

师鹏　季又君　著

汕頭大學出版社

图书在版编目（CIP）数据

网络化协同工业设计研究 / 师鹏，季又君著.-- 汕
头：汕头大学出版社，2018.3
ISBN 978-7-5658-3569-8

Ⅰ.①网... Ⅱ.①师... ②季... Ⅲ.①计算机网络－
应用－工业设计－研究 Ⅳ.①TB47-39

中国版本图书馆 CIP 数据核字(2018)第 062138 号

网络化协同工业设计研究
WANGLUOHUA XIETONG GONGYE SHEJI YANJIU

著　　者：师　鹏　季又君
责任编辑：汪小珍
责任技编：黄东生
封面设计：瑞天书刊
出版发行：汕头大学出版社
　　　　　广东省汕头市大学路 243 号汕头大学校园内　邮政编码：515063
电　　话：0754-82904613
印　　刷：廊坊市国彩印刷有限公司
开　　本：710mm×1000 mm　1/16
印　　张：7
字　　数：290 千字
版　　次：2018 年 3 月第 1 版
印　　次：2019 年 3 月第 1 次印刷
定　　价：47.00 元
ISBN 978-7-5658-3569-8

前　言

随着计算机和信息技术的发展及其在控制领域的广泛应用，推动了工业网络技术的不断发展和完善，已形成了覆盖管理、检测和控制的全局性网络。通常，工业网络由处理制造、执行和监控信息的网络和处理现场实施监控信息的监控网络两部分组成。

目前，在社会迅速发展的大潮中，工业设计面临的竞争异常激烈。如何提高企业产品设计能力、缩短产品设计周期，以满足顾客不断变化的需求，成为现代企业生存和发展的决定性因素。因此，不同领域、不同地域的企业或者部门通过协同完成产品开发任务，已经成为一种普遍的产品开发方式。传统的设计理论和方法已经不适应指导现代产品开发活动。当前，利用信息技术与计算机网络技术，特别是利用迅速发展的 Internet 技术，改造现有企业的设计模式，实施产品的网络化、协同化设计，已是现代工业设计的主要发展趋势之一。

网络化协同工业设计系统（Network-based Collaborative Industrial Design System，简称 NCIDS）以计算机支持的协同设计、多媒体技术、因特网技术、通信为基础，其目标是组织多学科的不同设计人员跨越地域和时间的障碍，在产品设计阶段综合考虑用户需求、造型设计、加工制造工艺、市场等因素，实现产品的协同设计，提高工作效率及企业的竞争力。

为适应复杂多变的市场，满足用户使用需求，工业设计需要将设计、制造、分析、市场等不同专业学科的技术人员共同纳入开发团队，通过团队合作和不同领域之间的知识融合碰撞，产生更具想象力的设计方案和解决方法。因此，将极具创新性的设计方式和设计理念的协同工作应用到工业设计中，使工业设计打破传统的相对独立、封闭的设计模式，提高工业设计效率，无疑是工业设计领域值得深入研究的课题。

由于编者水平和能力所限，书中难免存在错误，我们诚恳地希望各位专家、学者和广大读者批评、指正并提出宝贵意见，以便今后进一步完善。

目　录

第一部分　绪论……………………………………………………………1

　第一章　工业协同设计系统的相关概念……………………………………1

　　第一节　网络协同设计提出的背景…………………………………………1

　　第二节　协同设计国内外研究现状及发展趋势分析…………………………2

　　第三节　协同工作与协同设计………………………………………………5

第二部分　计算机支持的协同工作理论……………………………………7

　第二章　国内外相关技术发展及研究现状…………………………………7

　　第一节　网络化协同设计……………………………………………………7

　　第二节　知识管理及知识集成……………………………………………11

　　第三节　用户知识获取……………………………………………………14

　第三章　计算机支持的协同工作理论…………………………………16

　　第一节　计算机支持的协同工作（CSCW）的概念……………………16

　　第二节　CSCW 协作理论模型……………………………………………18

　　第三节　计算机支持的协同工作的关键技术……………………………22

第三部分　网络化协同设计系统体系结构和运行模式的研究…………24

　第四章　网络化协同工业设计系统分析…………………………………24

　　第一节　网络化协同设计…………………………………………………25

　　第二节　网络化协同工业设计系统（NCIDS）…………………………28

　第五章　网络化协同工业设计系统（NCIDS）的实现………………35

　　第一节　系统实现…………………………………………………………35

　　第二节　系统的功能模块…………………………………………………36

　第六章　网络化协同设计系统体系结构和运行模式的研究…………39

　　第一节　网络化协同设计系统的提出……………………………………39

　　第二节　网络化协同设计系统的功能需求………………………………40

　　第三节　网络化协同设计系统的体系结构………………………………41

　　第四节　网络化协同设计系统的运行模式………………………………47

第四部分　网络化协同设计系统关键技术研究............50

第七章　网络化协同设计系统协同工作的关键技术研究............50

　第一节　系统的访问安全............50

　第二节　系统的用户—权限管理............51

　第三节　协同设计工作过程研究............54

　第四节　基于层次的协同工具集成框架............59

　第五节　基于 NetMeeting 的协同设计工具............60

第八章　基于网络的协同设计系统的技术方案............65

　第一节　工业设计模式分析............65

　第二节　基于网络的协同设计的系统目标............68

　第三节　基于网络的协同设计系统的总体技术架构............69

　第四节　基于网络的协同设计系统研究技术概述............70

第九章　协同感知技术的研究............72

　第一节　协同交互............72

　第二节　协同设计系统的协同感知............73

　第三节　基于消息的协同感知............74

第十章　工业设计的协同工作流............76

　第一节　层次 Petri 网............76

　第二节　工业设计协同工作流模型............77

第五部分　网络化协同设计系统实现与评价............84

第十一章　网络化协同设计系统实现与应用............84

　第一节　系统技术框架的实现............84

　第二节　协同设计系统的实现............85

　第三节　多 Agent 架构演示............86

　第四节　协同感知技术演示............87

第十二章　工业设计评价............89

　第一节　工业设计评价特点............89

　第二节　设计评价的过程............90

　第三节　设计评价方法............91

第六部分　结论与展望..94

   第十三章　总结与展望..94

      第一节　主要工作与结论..94

      第二节　展望..95

参考文献..97

第一部分 绪论

第一章 工业协同设计系统的相关概念

第一节 网络协同设计提出的背景

随着信息技术的发展和网络化经济的快速进步，制造业的信息化、规模化和专业化水平越来越高，产品开发趋于分散化，向跨学科跨领域合作的发展模式转变。在这一背景下，提高产品开发的工作效率越发依赖异地协同设计技术。由于中小型制造企业本身所具有的设计资源有限且彼此之间共享方式不足，不能很好地为协同设计提供资源支持，所以建立一个有效的、基于网络的异地协同设计系统来取代集中分享式资源管理系统便成为实施异地协同设计的重要支持技术，而有效地组织和管理这些设计资源，是提高产品开发效率、缩短产品开发周期、提高企业竞争力的重要途径，也是解决我国产品开发过程中创新能力不足、开发周期长等问题的有效方法。

计算机支持的协同工作，缩写为 CSCW（Computer Supported Cooperative Work），最早由美国麻省理工学院（MIT）的 Irene Greif 和 DEC 公司的 Paul Cashman 在 1984 年提出，它是指在计算机支持的环境中，一个群体协同工作完成一项共同的任务。计算机支持协同设计（Computer Supported Cooperative Work in Design，缩写为 CSCWD 或 CSCD）主要利用计算机技术，结合互联网通信技术、多媒体技术等先进技术为参与项目的设计人员提供交流设计思想、讨论设计方案、分享设计成果的媒介，从而协调、解决设计过程中的矛盾与问题，避免重复工作与工作冲突，降低设计过程中的失误率，最终提高产品设计的工作效率与质量。

然而在高速发展的信息化时代中，多数企业的管理系统并不能充分利用分布式协作的优势，我们需要开发一个智能管理工作流过程，从中优化资源配置与任务调度，使设计主体能协同交互的协同平台。现在很多协同平台都是为特定企业或用途而实现的简单管理系统，本研究希望开发一个协同设计系统，将系统的易用性、简洁性与协同性作为研究重点，将协同设计运用到整个项目任务流程中，旨在提高协同工作人员的开发效率与工作积极性。

第二节　协同设计国内外研究现状及发展趋势分析

协同设计的研究在国内起步较晚，虽然近年来协同设计在工业中的应用研究得到了很大的发展，但主要集中在异构 CAD、CAM、CAE 系统的协同支持与系统集成、协同产品标准模型（基于 XML、VRML 或 STEP）的研究以及分布式架构的网络化协同设计研究。国外研究起步早，在互联网技术下远程协作达到了很高的水平，研究被应用到航天、建筑、虚拟现实等产品中，在各领域都涌现出大批协同工作软件。

一、国内研究现状

下面介绍几个国内的计算机支持协同设计系统，并分析其主要特色与实现技术要点。

一些学者在研究计算机支持的协同工作和传统的三维实体建模相结合时，做出基于 Web 的同步协同实体建模系统（WebCOS-MOS）。其主要模块包括服务器端、客户端和 CORBA 中间层。系统的总体目标是允许多个设计人员通过基于 Web 的客户端调用服务器提供的实体建模服务，进行同步协同实体建模。客户端的作用是为用户显示实体模型，并在 Web 界面上提供远程交互操作，使用户可以通过服务端进行操作。图形显示基于 Java3D 技术，而框架 Web 中间件则是利用 CORBA 实现信息传递。

一些学者研制的协同集成设计环境的计算机辅助工具 Co-CAD Tool Agent 等，引进了协同工作的概念。该系统的主要功能有协同工具、信息发布、阅读、评论、私有注释、项目管理、用户管理、版本管理、软件工具管理等。具有不同角色的工作组员所拥有的责任和义务也不同。系统的主要界面是基于 TCP／IP 网络通信协议的，有异步通信窗口、共享讨论窗口、私有编辑窗口和版本管理窗口等，初步实现多个用户在网络环境下通过协商和有效的工作流控制，操作计划协同设计工作的有关实例。

清华大学的田凌教授主持网络化产品协同设计理论及支持系统的研究，并在此研究中提出支持网络化产品协同设计的设计模式及协同机制，建立了相应的集成模型支持网络化协同设计，最后开发出具有自主版权的网络化产品协同设计支持系统 CoDesign Space。这个系统提供了一套可独立使用的协同工具，如三维模型、二维图纸与文档的异地协同浏览与批注工具、利用 VRML 格式可视化的协同虚拟装配工具、冲突检测与协商支持工具等。此外，清华大学自动化系国家 CIMS 工程技术研究中心研发出了复杂产品"协同设计、协同仿真、协同优化"一体化平台，旨在提升复杂产品自主研发能力，加快研发速度，提高设计质量。

沈阳理工大学 CAD／CAM 技术研究与开发中心针对分布式异构环境下的协同设计，将协同设计方式应用到协同批注流程中，提出了一套基于网络的产品模型的异步协同批注解决方案，实现了一个异步协同批注系统。该系统通过服务器转化成共享模型并以 Web 方式发布，对批注者和其他设计者而言，无需其他的建模系统，即可通过浏览器内嵌插件的方式，对产品设计的共享模型进行浏览和批注，极大降低了客户端的复杂性，使产品的设计更方便快捷。

二、国外研究现状

协同设计在外国起步较早，而且不仅限于工业产品设计领域，几乎在所有设计领域都有相应的应用。每年召开大型国际会议，讨论最新协同工作在设计中的应用的最新技术与应用成果。目前，一些成熟的商品化软件已经研制成功，并且已产生相当好的生产效益。在国外，协同概念出现于20世纪80年代，在90年代迅速发展。例如IBM的Lotus／Notes、微软的Exchange，到后来的电子邮件、办公自动化、客户关系管理、企业资源规则等软件，都应用了协同的概念。国外从协同CAD系统的研究向更加智能化的协同设计系统发展，以下是一些成功的工业化案例与研究成果：A006Cibre公司的Alibre Design，德国CoCreate公司的CoCreate OneSpace，AutoDesk公司的AutoDesk Inventor和Collabor-active Tool，CollabCAD公司的Collab-CAD。其他带有项目管理、工作流管理、文档管理等用于产品设计的协同应用也并不局限于模型的设计，更多的是偏向设计过程中知识的协同应用。

Alibre Design在基于会话的协同机制下，提供二维与三维模型标注显示、文字声音协同交互的CAD模型传输，小组设计被定义成会话，一个设计会话是整个虚拟小组二维／三维模型设计任务的管理环境。同时提供仓库机制，使用户可以安全分享与访问文档，提供消息中心实现用户消息共享。

CoCreate公司开发的协同CAD／PLM应用系统OneSpace集成实时在线会议、模型管理、项目管理，实现用户二维／三维模型协同设计、版本控制与权限访问，并支持与PDM工具集成。

Autodesk Inventor Collaborative Tool将微软的网络会议工具嵌入到Inventor系统里面以组织协同设计活动，每个设计者都有单元控制与管理远程的权限。Collab-CAD允许同一个设计组里的成员同步设计与分享二维／三维模型，设计者提供协同设计功能，协作者提供评论与建议，消息助手以文本、视频与音频等方式交换协同意见。

此外，Texas大学开发了基于CSCW的原型系统的Shastra，此系统不仅提供几何造型、模拟、查询及设计等功能，将提供的基础几何数据结构和算法作为目标，设计支持分布式构造，还可提供模型属性查询、协同交互与基于冲突检测的快速计算，实现实时场景的显示与可视化信息的动态模拟。法国Compiègne科技大学将初步设计过程（PDP）的研究与CSCD

结合,开发出 TATIC-PIC CSCWD 系统,将协同设计与最新移动技术相结合,集成交互式桌面、交互式白板、交互式平板、智能手机与头部设备等,为用户提供基于 Agent 系统的设计工具。

第三节　协同工作与协同设计

协同设计的概念源于计算机支持的协同工作（Computer Supported Cooperation Work，CSCW）。CSCW 是指在计算机技术支持的环境下,一个群体协同完成一项共同的任务。1984 年 MIT 的 Iren Grief 和 DEC 公司的 Paul Cashman 两人领导了一个由来自不同领域的 20 个科研工作者组成的工作组,共同探讨如何发挥技术在协同工作中的作用问题,并第一次正式提出了 CSCW 的概念。美国 ACM 于 1986 年 12 月在德克萨斯组织了第一次国际性 CSCW 学术会议,正式提出了将计算机科学、人类工程学、认知科学、社会学等多个学科综合在一起的新的领域——CSCW。在信息化时代,人的生活方式和劳动方式具有群体性、交互性、分布性和协作性,计算机技术（包括并行及分布处理技术、多媒体技术、数据库技术、认知科学等）、通信及计算机网络技术的飞速发展为 CSCW 提供了技术基础,同时并行工程概念的出现也起到了重要的作用,因此 CSCW 就是以现代社会人们协同工作方式为背景,以计算机、通信技术的发展和融合为基础,以广泛的应用领域为条件而自然形成的产物。从方法学层面上看,CSCW 为在时间和空间上分散的人们提供了一个虚拟工作空间来实现同步与异步共同工作。从技术层面上看,CSCW 是一个利用计算机技术、网络与通信技术、多媒体技术以及人机接口技术将时间上分隔、空间上分散的工作人员组织在一起,共同完成某项工作的分布式计算机环境。

协同设计就是一种以 CSCW 和并行工程为基础的产品设计方式。在这种方式下,分布在不同空间的设计人员以及相关人员,通过网络利用各种计算机辅助工具协同进行产品设计活动。协同设计主要可以实现以下功能:

一、共享资源

不同地点的产品设计人员基于相同的设计平台，通过网络进行产品信息的共享和交换，实现对异地软件工具、平台的调用和访问。

二、适时协调沟通

参与设计相关的人员都可通过网络讨论设计方案，检查和修改设计结果。

三、不受地域与时空限制

产品设计工作能够跨越时空、跨地域协同进行。

分布式协同设计研究开始于 20 世纪 90 年代前后，斯坦福大学设计研究中心的 Cutkosky 是这一领域的主要开拓者，其研究工作其实是将网络通信、分布式计算、计算机支持的协同工作、Web 技术等与现有 CAX／DFX 技术进行简单结合。近年来转向了深层次、核心技术的研究，比如 CAX／DFX 工具的分布集成、异步协同设计、同步协同设计、协同装配设计等。

第二部分　计算机支持的协同工作理论

第二章　国内外相关技术发展及研究现状

第一节　网络化协同设计

自 1984 年提出 CSCW 概念以来，经过 30 多年的研究发展，CSCW 在军事、医疗、教育、商业、金融，尤其是生产制造领域得到了广泛的应用。近些年，各国纷纷制定了基于网络的先进制造技术发展战略，旨在建立共享、集成、协作的产品开发模式，进一步缩短产品开发周期，提高产品质量，从而在激烈的市场竞争中获胜。协同设计作为企业赢得竞争的有力手段，是 CSCW 应用的一个重要研究领域。

国内外不少学者围绕协同设计中的异地协同工具、协同行为和设计过程、协商机制、设计任务的规划和分解、协同冲突及其解决方案、统一产品数据模型等一系列问题进行了讨论与研究，并研制开发了相关的应用系统。

国外在协同设计系统研究和实践中处于领先地位。瑞士的 St.Gallen 应用科技大学将 Class DAC、Kooperatives、AutoCAD、Netmeeting 等技术综合起来，建立了一个支持协同构造设计的原型，着重致力于同步 CSCW 系统的可行性研究,该系统特别考虑了不同的 CAD 系统之间的协同演示问题;美国 UGS 公司开发了基于 Internet 的多平台可视化协同设计环境;荷兰的 Eindhoven 大学的 DS(设计系统)研究小组考虑在建筑设计中多个用户共享知识的问题,提出了概念模型框架,其概念模型框架提出了用分布式对象模型来模拟仿真设计信息,构造更加灵活的方式来控制多用户访问概念和示例信息;韩国国家大学工业工程系开发的 3D-Syn 系统,可以使分布在不同地方的设计人员通过 Internet 针对同一个 3D 模型视图,实现浏览、协同设计、实时模型处理和交互活动,这个系统采用了 Applet-sever 结构,用户应用这个结构可使 Web 主页与系统相连,通过用户的请求,Applet 从 server 端下载到客户端并在客户端执行,并且 Applet 可以和 sever 通过交互信息进行通信;Co Create 公司推出商品化协同设计软件 One Space,它能在自己提供的造型器下实现协同查看和协同造型,从而实现协同工作;德国 Frauahofer 图形研究所开发的分布式 CAD 系统,利用了 CSCW 思想,在一定程度上支持多个合作者的协同设计;德国的 Damstadt 和 Rostock 计算机图形中心研制的 Cooperatibe Suto DAC 插件,可以无缝介入 Suto DAD T114,为每个 CAD 用户进行两个或更多的连接,还可以使本地分散的设计组通过 Internet 同步的生产、讨论和操作他们的 2D 和 3D 模型;Iowa 大学 Internet 实验室的 Kang 和 Grandy 提出了基于 WWW 的协同设计系统总体框架 Cyber View,它采用 VRML 在浏览器下实现分布设计小组的协同浏览;Kentucky 大学计算机系的 Zhang 和 Chen 研究了基于 Web 架构的 CAD 系统,还深入地研究了协同感知支持、同步与异步、协同用户界面以及安全性等技术;Standford 大学联合 Lockheed、EIT 和 HP 进行 PACT(Pola Alto Collaborative Tested)项目,用于研究大规模分布式并行工程系统,较为系统地研究了分布式协同设计问题。

　　国内对协同设计的研究起步较晚。1997 年开始进行 CSCW 的跟踪研究,主要内容包括 CSCW 的研究背景、基本概念、系统结构、关键技术及典型应用。如清华大学开发了基于 CORBA 的面向对象技术的计算机支持的协同设计系统,实现跨异构平台产品设计的整体优化、冲突协调和协同决策;四川大学建立了一种基于多 Agent 技术的计算机支持协同设计模型,通过

Agent 之间的信息交换，以达到协同工作的目的。西安交通大学的 Coop CAD 系统具有多媒体会议服务器、白板服务器等服务功能，一定程度上支持实时协同设计小组的设计活动；清华大学的 CoDesign 是一个紧密耦合的实时协同设计支撑系统原型，对协同设计系统的体系结构、用户管理和访问控制、群组用户界面和并发控制的理论和算法等进行了深入的研究。此外，西北工业大学、浙江大学、重庆大学、上海交通大学等在协同设计的理论及应用方面也做了大量的研究工作。北京北航海尔软件有限公司利用原有的二维／三维 CAD 系统产品，开发了支持协同的设计系统，并与 PDM／PLM 系统进行了集成。

总结国内外网络化协同设计研究现状，主要表现为（表 2-1）：（1）协同设计的理论与方法、工具平台研究；（2）协同设计与协同装配、协同制造、协同商务等协同工程的集成研究；（3）协同设计中的产品数据管理研究；（4）协同设计中的约束研究以及冲突消解管理研究；（5）协同设计的智能性、安全性等的研究。

表 2-1 协同设计主要研究现状

学科	研究内容	主要研究者
设计原理	现代设计理论、公理设计、TRIZ	谢友柏；Grabowski；Suh 等
项目与运筹管理学	研究设计过程中工作流管理	严隽祺；Adler；Eppinger
系统控制科学	从复杂系统角度研究协同设计过程的动态特征以及决策制定、消解冲突和多学科优化	Klein；Hazelrigg；辛明军；谢洪潮；李祥； Falquet；Michalek；李涛等
计算机科学	从数据管理的角度，将设计过程看作是数据管理，研究设计数据的交换标准、数据集成共享	Nee；陈继忠；李健等
网络通信	设计过程看作是分布移动式应用，研究网络资源匹配、设计平台安全性和移动访问平台	Wang；Huang；Taylor；刘敏等

续表 2-1

人工智能	将多 Agent 技术应用到协同设计过程，提高设计过程的智能性、有效性和健壮性	Wang；Shen；Liu；Frazer；赵骥等
社会科学	以社会技术框架来对协同设计过程建模，研究设计决策制定时的社会因素。	S.C-Y.Lu；J.Cai；Warr；Dickinson；Buchal 等

国内外关于协同设计工作流的研究主要表现在以下几个方面：协同设计工作流建模；协同设计中的协调消解方法；多学科优化协同方法；协同设计中的决策支持等。其中，协同设计的工作流管理是目前企业管理者和学术界逐渐关注的一个领域。

随着工作流管理技术研究的开展与深入，以及计算机网络技术和分布式数据库技术等的迅速发展和成熟，人们越来越意识到，工作流管理是一种能够有效控制和协调复杂活动执行、实现人与应用系统之间良好交互的信息技术手段。具体来说，工作流管理可以实现业务流程的全部或部分自动化。在此过程中，一方面，文档、信息或任务按照某种预定义的规则在多个参与者之间自动传递，实现组织成员间的协调工作，从而实现预期的业务目标；另一方面，以工作流管理技术为核心，建立以项目和任务为中心的协同设计任务多层组织与管理模式，可以有效组织项目的协同设计，实现分布式环境下多任务、多群体间的有效协作与管理。但是，目前的工作流管理重点主要停留在任务的执行监控、文档和信息的流转等方面，即停留在协调设计任务和提高协同设计工作效率的层面上，对工作流管理、知识集成及过程知识获取的研究较少，缺乏对协同设计过程的知识资源系统管理和应用支持。

综合目前协同设计研究现状可以看到，与国外相比，我国关于协同设计关键技术的研究，关于协同设计中的深层次问题如协同设计中的过程控制模型的建立、过程管理以及分布式协同问题求解，协同设计资源共享等问题还有待深入研究。此外，国内外研究较多的是协同设计中的人与人协同、人与工具协同、任务与任务协同等，但针对人与知识的协同、任务与知识的协同、过程与知识的协同研究较少。

第二节　知识管理及知识集成

产品设计是一项复杂的过程，它需要多元化的知识给予支持。针对知识管理机制的研究是当前协同设计的一项重要课题，其主要研究内容包括知识分类、知识获取、知识表达等。

Nonaka 将知识分为两类：显性知识和隐性知识。知识的转化有四种模式：从显性知识到显性知识，就是指通过分析不同资源的显性知识，组合或者综合得到关于问题的新的知识；隐性知识的显性化，是通过对话、表述前提、建立模型等来实现；从显性知识到隐性知识，是指通过共享思考问题的模式、经验和技术技巧，参与者主动发现了思维中的不一致性，从而使显性知识转化为隐性知识；从隐性知识到隐性知识，是指参与者发现了自己思维模式的不一致，主动修改自己的思维模式。

目前，国内外针对知识分类已经开展了一系列较为具体的研究工作。李治将设计知识分为事实性知识、动态知识、控制性知识，利用面向对象的方法进行了设计知识的表达；马雪芬提出了产品设计知识六维度分类体系，并应用基于本体论的知识建模方法建立了产品设计知识的模型；王克勤基于产品设计决策过程，将产品设计知识分为产品知识、过程知识、产品支持知识。针对产品设计支持知识，提出了一种基于数据挖掘的制造知识获取及对设计人员的产品支持知识供应模式；Ahmed 等人将产品设计知识分为两大维度：其一将知识分为与过程相关的知识和与产品相关的知识，其二把知识分为以外在形式储存的信息和以内化于人脑的形式储存的信息（包括显性知识、隐性知识和暗默知识）；Vincenti 将工程设计知识分为 6 类，包括基本设计概念、设计标准和规范、理论工具、数量化资料、应用研究和设计手段，未包含"设计过程"；LI 把设计知识分为 4 类，包括了产品结构、产品行为、产品功能以及三者之间的因果关系；Carstensen 研究发现工程设计人员需要的知识类型包括以往的设计、设计原理、相似产品、产品存在的已知问题、零部件设计标准和规范、工作流程、生产线特征、新材料和新的零部件、相关文献及研究成果、相关人员、项目文档等；李军宁、陈渭、谢友柏认为知识特指某一对事实之间的关系，是一种主体化的"信息"，在主体的参与之下通过知识流动实现知识的获取与应用，从以已有知识为基础和以新知识获取为中心的这两种本质规律完全不同的视角出发，分别建立了考虑知识及知识服务两种不同属性的多维设计知识分类体系及其描述机制，将知识分为4个维度：学科维、产品维、载体维、资源单元维，该体系属于一种层层细分的开放式架构。

知识获取通常是指将数据信息转化为知识的技术，它集数据收集、数据清洁、降维、规则归纳、模式识别、数据结果分析及评估、可视化输出等多种过程于一体。从20世纪80年代末开始，数据库中的知识发现研究成为知识获取领域的重点研究方向。韩国科技大学的Pahng GF研究了在线记录非正式的知识，然后进行基于领域本体的形式化分析获取正式知识，这种方法可以尽量不干扰设计人员而获得知识。隐性知识的获取可以通过非正式交流、会议、个人交流、设计总结等形式显性化，用于设计经验的共享和重用。显性化的隐性知识可以采用回答问题的形式获取，以文档、数据库方式保存建议性的知识、经验知识、成功或失败案例知识等。此外，鉴于隐性知识（专家设计经验）难于进行显性的编码，南非Translators研究所的Bamard Yvoune等研究通过知识地图实现专家导航，知识地图标明企业在何处、某人有何种类型知识，员工通过知识地图可迅速找到咨询专家，这种方法回避了隐性知识的显性化问题，但也有相当程度的局限性。

在传统基于知识的系统中，知识被描述为If-then规则，通过推理机进行推理以解决问题，大多数系统（如专家系统）因为无法充分理解知识，知识求解代价大以及应用面狭窄等问题无法推广应用。

目前随着计算机网络的快速普及与发展，人们通过网络捕捉各种知识、信息资源的需要日益迫切，在不同应用领域中对知识的表达和应用成为研究的热点。在不同领域，提出了元数据概念来描述某种类型资源，例如GILS、FGDC、MARC、DC和CIMI等。冯项云等人比较和分析了目前国际上较流行的7种元数据标准，总结出元数据标准在设计和实现过程中的关键问题：

这些标准有各自不同的语义和语法，不能执行互操作。万维网联盟提出的RDF（Resource Description Frame-Work）定义了一个通用的机制用以描述各个应用领域的元数据，使用 XML 的语法，RDF 能在网络上描述各种元数据。另外本体是能够在一个较高的平台上提供知识重用和系统架构的表示方法，斯坦福的本体库是一个模块化的基础本体集。学者研究了产品知识表达的模型，即 FBS，设计基于本体的产品知识表达，提出了一个可行的应用模型。该研究针对产品知识的表达、重用、共享和交流等问题，整合三维模型内容与产品设计领域的知识，提出了一个由元数据层、本体层和应用层 3 层构成的分层产品知识管理框架，弥合了实例方法和基于语义方法之间的鸿沟。但在知识表达的研究中，依然存在模糊性和不确定性问题，这些知识包括非正式的、难以表达的如经验、技巧、技能以及个人的灵感、直觉、洞察力、价值观和心智模式等。这类知识带有模糊性、主观性、随意性，知识建模的难点和关键就是将这类知识概念化地表示出来。在设计领域，相关学科为隐性知识表达的研究提供了一些可供参考的方法，比如 OSGOOD 等提出的语义差异法就是一种基本的研究方法。在语义差异法基础上，国内学者研究运用意象尺度法，通过对人们评价某一事物的心理量进行测量、计算、分析，以便降低人们对某一事物的认知维度，得到意象尺度分布图，通过意象图研究产品在坐标图中的位置，比较分析其规律。一些文献对工业设计中客户和设计师对产品造型语义的隐性知识表达作了研究。日本学者提出了感性工学的研究方法，该方法将人们对"物"的感性意象定量、半定量地表达出来，并将这些感性意象转化成新产品的要素。

知识集成就是通过运用知识管理方法将相关知识融入产品协同开发环境中，其实质就是通过运用知识管理机制，在产品设计过程中实现知识资源有效配置和知识获取，做到知识共享，力图使设计人员在恰当的时间和恰当的场合得到最恰当的帮助，以便提供决策支持，提高设计质量和设计效率。在这方面，国内外也做了一些研究。美国麻省理工学院针对基于知识辅助工程设计方法进行了研究，与研发工具平台一起搭建飞行器设计环境。美国的 FIPER 项目在数字化平台中实现了知识工程建设。在国内，倪益华等构建了协同产品知识管理系统。李明树通过工作流管理系统将企业的计算机集成制造系统与知识管理系统连接起来。林慧苹针对实现产品设计过程中知识管理应用系统的元模型、知识地图以及流程信息获取等关键技术进行了相关研究。以上研究都是通过技术和方法将知识管理系统与开发环境连接到一起。

第三节　用户知识获取

国外对用户知识的研究开始于 20 世纪 90 年代初。Bruns、Don（1992）指出应该增加企业用户的知识来促进销售；美国学者 Alan Cooper 认为用户知识是关于产品或服务满足用户需求的情况、用户的具体需求和偏好、用户与企业互动的难易程度甚至包括用户是如何应对人生压力的知识；Garcia-Murillo 认为用户知识来自企业同用户间的互动；Gebert、Geib 和 Kolbe 认为，用户知识包括以下三种主要的类型：关于客户的知识、来自客户的知识、客户需要的知识；Campbell 强调用户知识是指用户具体知识而不是市场的相关信息；Jennifer E.Rowley 认为用户知识是指关于用户的知识和用户拥有的知识。

国内学者对用户知识也做了大量研究。所有研究主要基于这样一个共识，即用户具有自己特有的对产品感性认知的隐性知识。用户在接受产品的信息后，通常会进行推断并利用一些意象形容词，如"便捷的""时尚的"等词语来描述他们的感性意象。同样，设计师也拥有无法轻易描述的洞察力、灵感以及一些如美感、秩序感、经验等隐性知识。产品外观美感的创造能力，常常深藏于设计师个人头脑之中，只有通过线条、体、面、色彩等视觉符号表达出来后才可以被人们所认知。设计师的工作就是结合设计目标（客户需求）将构思转化成产品形式（包括符号信息、语义信息和表现信息等），诱导和影响客户。在工业设计过程中，概念草图、效果图等图形化信息既是交流的媒介又是客户选择和评价设计质量的工具，是设计知识的显性化描述。隐性知识带有主观性、随意性和模糊性，因此设计研究领域的一个难点，就是如何通过设计媒介和设计手段将这类知识转化为显性知识，并且与客户认知达到匹配。

研究者从客户知识出发，基于对客户隐性知识的获取、表征、传递、运用的研究，探讨了"客户意象与设计知识"的映射以及产品设计的"特征基、特征和风格"三层表达体系，建立了客户隐性知识的获取、表征与运用模型，客户知识与设计知识的整合模型。研究者结合神经网络技术，实现了客户需求知识到设计选项的非线性模糊映射。

对客户知识共享的研究，也涌现出很多研究成果。研究者提出，基于知识库的智能系统，如专家系统和智能 Agent 管理系统具有不同程度的推理能力，且带有严格而松散的知识库，借助案例学习等手段可以保证知识的更新和扩充，因此智能化的知识系统具有可扩充性、可更新性和可重用性等特点。而对于非智能软件，因其将知识固化在程序中，系统知识可重用性和重构能力较差。由于本体论的知识系统在构造产品过程中的共性知识能力强，系统重构性、可重用性好，故在知识工程与信息技术领域备受青睐。

总结国内外的研究不难看出，有关网络化协同设计相关技术的研究正在不断深入。但对于工业设计，其研究大多集中于某个知识领域、某个方法或工具，比如研究较多的是针对某领域知识对产品设计的驱动方法，有的研究者就是针对人机的设计方法和系统，还有相当一部分学者开展了用户隐性知识获取的方法研究，但很少有学者针对工业设计网络化协同设计平台系统以及工作流管理、过程知识获取等相关技术展开研究。

第三章　计算机支持的协同工作理论

计算机技术把人类带入信息时代，随着信息化进程的深入，通信技术与计算机网络技术融合，产生了一个新的研究领域——计算机支持的协同工作（Computer Supported Collaborative Work，CSCW），简称计算机协同工作，它是信息化进程发展的必然产物。

CSCW 代表一类支持用户群体以合作方式共同工作的计算机系统。人们在群体或组织中采用协调、互相合作的手段进行工作，目的在于完成其最高工作目标，诸如获得最大利润、生产优质产品和圆满完成设计任务等。

人们关心 CSCW 主要有以下几个方面：

1.人们如何以小组的形式工作？

2.人们以小组的形式一起工作，做些什么？

3.怎样将计算机和通信技术发展到支持人们完成共同的工作？

第一节　计算机支持的协同工作（CSCW）的概念

一、CSCW 的概念

计算机网络通信技术和多媒体技术的飞速发展，不但给社会许多领域带来了深刻的影响，也给计算机许多领域带来了新的机会和新的课题。德国斯图加特大学理论物理学教授赫尔曼·哈肯在研究激光理论的过程中，经过十几年的努力逐步形成了"协同学"的基本理论和观点。赫尔曼·哈肯教授本人还把协同学思想扩展到计算机科学和认知科学，在 1991 年发表了一本重要著作《协同计算机和认知——神经网络的自上而下方法》(*Synergetics Computers and Cognition——A Top-Down Approach to Neural Nets*)，奠定了协同学的基础。

1984 年，美国 MIT 的 Irene Grief 原 DEC 公司的 Paul Cashman 两位研究员正式提出了 CSCW 的概念。这是他们在描述有关如何用计算机支持来自不同领域与学科的人们共同合作的课题时提出来的。清华大学史美林教授等把"计算机支持的协同工作"定义为"地域分散的群体借助计算机及其网络技术，共同协调与协作来完成一项任务"。它包括协同工作系统的建设、群体工作方式研究和支持群体工作的相关技术研究、应用系统的开发等部分。通过建立协同工作的环境，改善人们信息交流的方式，消除或减少人们在时间和空间上的障碍，节省工作人员的时间和精力，提高群体工作质量和效率，从而提高企业、机关、团体乃至社会的整体效益和人类的生活质量。如共享文件系统提供的资源共享能力，电子邮件和多媒体会议系统提供的人与人之间的通信支持功能，工作流和决策支持系统提供的组织管理功能。一个企业如果能有效地利用这些基本工具构造其企业协同管理信息系统，必将提高企业的管理水平和效益。CSCW 是一个多学科交叉的研究领域，不仅需要计算机网络与通信技术、多媒体技术等计算机技术的支持，还需要社会学、心理学、管理科学等领域学者共同协作。计算机协同工作将计算机技术、网络通信技术、多媒体技术以及各种社会科学紧密地结合起来，向人们提供了一种全新的工作环境和交流方式。

可以从 CS 和 CW 两个方面来认识 CSCW 这个概念：在计算机技术支持的环境下（CS），特别是在计算机网络环境下，一个群体协同工作完成一项共同的任务（CW），它的目标是要设计支持各种各样的协同工作的应用系统。

二、计算机协同工作的分类和应用

可以根据 CSCW 系统中的基本活动方式、群体成员的地理分布位置、使用的基本工具和基本工作环境、应用等对 CSCW 系统进行分类。

交互协作方式中，群体成员之间的协同工作按时间划分可分为同步方式和异步方式两种。同步方式，是群体成员在同一时间进行同一任务的协作；异步方式，是群体各成员在不同时间进行同一任务的协作。

按群体成员的地理分布，协作又可分成同地协作和异地或远程协作两种。

按群体规模分类，可分为两人协同系统和多人协同系统。

按使用的基本工具和工作环境分类，可分为信报系统（即电子邮件系统）、电子报告栏、会议系统、协同写作和讨论编著系统、工作流系统和群件等。

按 CSCW 应用系统分类，可分为协同科研系统、协同设计系统、远程医疗系统、远程教育系统、协同决策系统、军事协同（参谋会议）和协同办公系统，等等。

简要说明几类主要的 CSCW 系统：

1.工作流管理系统：工作流是指在多人参与的办公事务中所使用的一系列操作或步骤，这些步骤的发生可以是顺序的或并行的。

2.多媒体网络会议：多媒体网络会议系统可将不同会场的与会人员活动情况、会议内容以及各种数据和信息及时传递给每个与会者，实现实时多媒体信息交互，进行实时讨论或共同设计。

3.协同设计：这类应用为在不同时间和不同地点的用户，提供以协作工作方式完成产品设计的工具。这些工具的出现将方便群体成员间的协作，提高协作工作的效率。

第二节　CSCW 协作理论模型

CSCW 研究的目标之一是提高协同成员间的协调配合和协同工作水平。因此，必须进一步了解群体内成员间的协作模式，用以指导协同工作技术和方法研究。CSCW 中对群体协作模式的研究，是利用社会科学的研究成果，进行跨学科研究，概括出人类群体在信息社会环境下的协作模式，用于指导协同工作技术研究。

　　下面对 CSCW 领域中出现的四种协作模型进行分析，并运用 UML 建立其相关模型，通过分析比较，综合它们的优点，对一种通用的模型——扩展活动理论模型进行论述。

一、常用的协作理论

（一）协调理论

　　协调理论是 MIT 协调科学中心的 Malone 提出的一种管理一组协同工作的活动及其相关性的科学。协同过程的组成元素包括共同的目标、完成目标需要执行的活动、活动的执行者以及活动之间的相关性。协调理论的主要研究内容是如何管理活动之间的相关性。

　　运用 UML 建立的协调理论模型如图 3-1 所示。

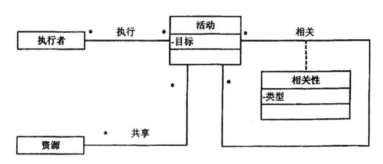

图 3-1　协调理论模型

（二）活动理论

　　活动理论起源于 20 世纪 30 年代，最初提出该理论的是苏联精神学家 Lev Vygotsky，后来北欧的学者对活动理论加以修正，并进行了公式化的表述。后来这一理论被应用到人机交互设计领域，并引入过程建模中。活动的组成分为项目、目标、规则、团体、任务划分、结果和工具。活动可视为人类从事某一事件的过程集合，即利用工具从某一项目出发，在目标的指引下，在相关规则的约束下，通过团体，最后得出所需要的结果。一个活动可以包含几个项目，每一项目可以有一个或多个动机。就其实际应用而言，"团体"相当于一个开发小组，而规则是表明小组成员如何与全局工作相联系，并限制其内部关系；任务划分则是将各种活动通过开发小组划分出去。

运用 UML 建立的活动理论模型如图 3-2 所示。

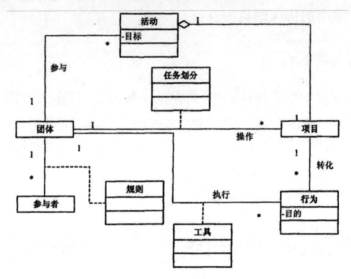

图 3-2　活动理论模型

二、扩展活动理论模型

扩展活动理论模型主要包括四种基本概念：活动、执行者、信息和服务。另外，该模型通过指定的关系对这些概念进行连接，其中主要的连接关系是以活动为中心的各种关系。

活动是扩展活动理论模型的基本单元，它表示协同工作进程。其基本属性有目标和状态。一个活动可分解为多个子活动和行为。子活动能进一步分解，而行为是不能分解的基本单元。活动之间通过关联关系予以连接，这些关系包括：包含关系、顺序关系、同步关系等。

执行者是负责完成活动的实体。执行者在协作完成活动的过程中，通过通信通道交换各自的意见，这些通信通道包括电话会议、网络会议或者面对面交流。在交换意见的过程中，执行者的角色将发生改变，发送意见的称为发送者，接收意见的称为接收者。另外，协作活动和执行者间有一种关系，被称为协调关联类，该类的属性主要包括角色和一系列的协调规则。

信息表示活动所涉及的任何一种电子数据，比如文档、消息或数据库记录等。

服务表示任何一种支持活动执行的计算机化或非计算机化的服务。

第三节　计算机支持的协同工作的关键技术

一、CSCW 系统的体系结构

根据扩展活动理论模型，CSCW 系统的基本组成元素可归纳为成员角色、信息、协作活动和协作服务四类。成员角色描述群体成员在协同工作过程中所起的作用；协作活动描述群体成员所进行的协作过程；共享信息是在协作过程中各成员共同操作的数据信息；协作服务是协作进展和状态变化的指示，用于协调各成员的行为。

可以把 CSCW 系统理解成一个四层模型。

第一层为"开放系统互联环境"，提供开放的通信支持环境，保证协同工作过程中有效地信息交流。

第二层为"协同工作支撑平台"，提供协同工作所需的主要机制和工具，如信息共享、信息安全控制、群体成员管理基本工具，包括电子邮件、会议系统、协同协作和讨论系统、工作流系统等。

第三层为"协同工作应用接口"，提供协同应用的编程接口、人机接口和人际接口，通过标准化的服务接口向应用系统提供第二层的功能，使上层的应用系统与下层的支撑平台具有相对独立性，提供有效、灵活、方便的人机交互接口，以及在协同工作环境下协同工作各方交互关系、规则和策略等。

第四层为"各种 CSCW 应用系统"，针对各种协同工作应用领域，提供所需的协作支持工具的剪裁和集成，协同应用系统的开发。

二、群体协作模式

CSCW 中对群体协作模式的研究，利用社会科学的研究成果，进行跨学科研究，概括出人类群体的协作模式，用于指导协同工作技术的研究。

人类群体的协作具有层次结构特征，如高层次的总体目标协调和具体任务协作就是在两种不同层次上的协同工作。"总体目标协调"的主要内容是任务划分和分工细化，时间限制不强。"具体任务协作"要求群体各成员针对具体的任务目标进行协同工作，通常有较强的时间限制。

人类群体的协作模式是多种多样的。按协作成员的关系，可以分成集中控制下的协作和平等协作。"集中控制下的协作"是通过一个集中控制方，协调其他各成员间的工作。企业内各层次机构的协作都是这种方式。"平等协作"过程中，各成员间的关系是平等的，他们之间既有协作关系，又存在一定的相互独立性。这种协作关系存在于各类以共同兴趣为基础的协会中。按协作过程的时间限制特征，可分为同步协作和异步协作。同步协作的各成员间需要实时的信息交流，如现代战争中参战各兵种间的协调行动。异步协作的各成员间信息交流没有强的时间限制，如政府机构间关于城市规划的协调配合。

三、同步机制

群体成员协作的一个基本要求，是向各成员提供一致的工作环境。各类协作事件的产生也要遵守一定的时间关系，这些时间关系的维持是通过同步机制实现的。同步机制讨论协作过程中产生的各类协作事件间的时序关系。

CSCW 系统中的同步可分为实时事件同步和连续媒体同步两类。"实时事件同步"描述一个或一组相关事件的发生和由此引起的相应动作之间的时序关系。比如，一个成员对共享对象的实时操作对其他成员状态的实时影响。"连续媒体同步"描述音频、视频等连续媒体流内或多个连续媒体流之间的时序关系，如音频流平稳播放和音频流与视频流之间的同步。

四、应用共享技术

应用共享是指一个群体的各成员，通过各自的机器共同控制一台机器的应用程序。应用共享的目的是扩展已有的大量单用户应用程序，使之可由多个用户共同控制，实现协作。应用共享的基本方法是把单用户应用程序分发到各用户的机器上显示，并按一定策略合并各用户的输入对应用程序进行控制。

第三部分　网络化协同设计系统体系结构和运行模式的研究

第四章　网络化协同工业设计系统分析

目前，在社会迅速发展的大潮中，工业设计面临的竞争异常激烈。如何提高企业产品设计能力、缩短产品设计周期，以便快速响应顾客不断变化的需求正成为现代企业生存和发展的决定性因素。因此，不同领域、不同地域的企业或者部门通过协同完成产品开发任务，已经成为一种普遍的产品开发方式。传统的设计理论和方法已经不适于现代产品开发活动。当前，利用信息技术与计算机网络技术，特别是利用迅速发展的 Internet 技术，改造现有企业的设计模式，实施产品的网络化、协同化设计，已是现代工业设计的主要发展趋势之一。

所谓的网络化协同工业设计系统就是建立在计算机支持的协同设计、多媒体技术、Internet 技术、通信基础之上的，其目标是组织多学科的不同设计人员跨越地域和时间的障碍，在产品设计阶段综合考虑用户需求、造型设计、加工制造工艺、市场等因素，实现产品的协同设计，提高工作效率及企业的竞争力的一种设计系统。

第一节　网络化协同设计

一、协同设计

协同工作是指工作人员共同解决各种复杂问题，或者完成需要多学科支持的大型任务的一种有效的工作方式，即通过一个工作团队中多个不同领域的工作成员的共同努力和相互合作最终解决问题或完成任务。协同设计是协同工作在设计方面的一种具体形式，通常认为，为了完成某一种设计目标，由两个或者两个以上的设计主体，运用并行工程和集成化原理，通过一定的信息交互和相互协同机制，通过完成各自的设计任务，最终完成设计目标。协同设计的含义具体表现在以下五个方面。

（一）设计信息的协同

在产品的协同设计中，设计团队中所有人员面对的是相同的产品信息模型。但是在不同的设计环境中对同一信息模型描述并不相同，不同知识领域的设计人员对同一信息模型有着不同的需求，对信息模型的使用方式也有所不同，在不同设计人员之间存在着设计信息的标准和规范的差异性，因此，协同设计就需要保证设计信息的协同。

（二）设计过程的协同

不同设计人员所接受的子任务不可能是完全独立的，不同的子任务通过特定的相关性关联在一起，这就决定了不同设计人员的设计任务必须按特定的顺序协调一致地进行。

（三）设计软件的协同

不同设计人员所使用的设计软件不完全一样，同一设计者也可能使用多种设计软件，通过不同设计软件会生成的不同设计文件，协同设计应该提供对这些设计软件和设计文件的管理方法。

（四）设计环境的协同

协同设计是跨部门甚至跨企业的设计活动。不同设计人员、不同设计团队的设计环境存在差异性，并且这种异构的设计环境是随着设计的过程动态变化的。所以异构设计环境的集成是协同设计的主要内容。

（五）网络通信的协同

由于设计环境的差异性，需要协同的设计者们之间的通讯是包含知识处理机制的通讯。通讯过程包含对不同的知识理解和表达方式之间的协调。

二、网络化协同设计及其特点

网络化协同设计是随着计算机应用技术和网络通信技术的发展产生的，是 CAD 与 CSCW 相结合的产物。它是计算机支持的协同工作（CSCW）在协同设计领域的应用，是对并行工程的制造模式在设计领域的进一步深化。

众多学者从不同的方面对协同设计进行了深入地研究，使网络化协同设计可以有不同的理解。

（一）网络化协同设计是一个协同工作的工程

随着计算机支持的协同工作（CSCW）的发展，网络化协同设计可以理解为在计算机网络的支持下，不同设计人员为了完成同一个设计项目，承担相应的设计任务，并行、交互地完成设计任务，最终得到符合设计要求的设计方案。也可以理解为将协同设计并入到计算机支持的协同工作的框架之中，将协同设计视为CSCW 在设计方面的应用，即各设计人员共同合作的设计过程。

（二）网络化协同设计是一个通讯处理过程

在这个过程中，通讯的协调性是通讯处理过程的关键。协同设计应遵循相关的通讯规则，严格的通讯语言机制和规则有利于对整个设计过程更好地进行通讯监控。

（三）网络化协同设计是一个环境共享过程

各设计人员或者其他相关人员可以共享设计资源（包括知识、数据和信息等）。各设计团队内设计人员不仅可以共享知识和经验，还能从其他设计团队中获取相关信息和知识，从而激发出新的方案和观点。

（四）网络化协同设计是一个协同工作的过程

它强调在协同设计中的任务管理，如监控、规划、协商、评价等相关管理。总而言之，网络化协同设计是指在网络环境（Internet）下，分布在各地的设计人员及其相关辅助设计人员等，在基于计算机的虚拟协作环境下，围绕同一个产品的设计，承担相应的部分设计任务，交互、协作、并行地进行设计，并且通过一定的评价、评估方式，完成设计的设计方法。因此，网络化协同设计具备如下基本特点：

1.多主体性

总体设计任务由两个或者两个以上的设计人员承担，但这些设计人员是相互独立的，各自具有专业领域的知识、经验和一定的问题求解能力。

2.协同性

网络化协同设计具有一种协同各个设计专家完成共同设计目标的机制，这一机制包括各个设计专家间的通讯协议、冲突检测和评判机制。

3.并行性

多个设计专家为了实现最终的共同设计目标，他们在各自的设计环境下并行、协同地进行设计。

4.异地性

设计专家所在的位置可能是分离的。

5.动态性

指项目中的设计小组和设计任务的数目是动态的，而协同设计的体系结构也是灵活的、可变的。

第二节　网络化协同工业设计系统（NCIDS）

一、网络化协同工业设计系统的特性

由于工业设计是一门跨学科的综合性边缘学科，所以网络化协同工业设计强调工业产品在设计及其相关过程中同时交叉进行。在设计阶段，从用户需求出发，考虑产品造型、制造工艺、质量和成本、环境等所涉及的环节和因素。在整个工业设计阶段，设计部门成员之间讨论、协调和评价设计任务，其他部门如市场部门、工程制造部门等也参与到工业设计工作中来，对每一阶段的设计任务进行设计评价，使设计方案尽可能满足各个部门的需求。因此，网络化协同工业设计系统（NCIDS）主要表现出以下特性：

（一）分布性

由于工业设计多学科的特性，所以在一个工业设计任务中，包含了不同知识领域的人员，如市场调研人员、造型设计人员、工程设计人员和工艺分析人员等，而这些相关人员会存在地域的分布性。另一方面，随着网络化的发展，设计人员可以通过网络来获取不同地区的相关信息和资源来更好地完成设计任务，这些资源和信息也存在分布性。这两方面决定了网络化协同工业设计系统的分布性。在网络化协同工业设计系统中，不同功能团队之间和不同领域设计人员之间采用分布式的协作的方式来完成设计任务。

（二）开放性

在一个产品设计任务中，会包含不同的设计小组和设计人员，而这些设计小组和设计人员的任务是动态的，这就需要在网络化协同工业设计系统中对各小组进行无缝集合。同时，在产品设计过程中，会不断地有新的设计资源和信息加入资源库中，这种异构系统和资源信息的动态变化和集合要求组成系统的各部分具有良好的开放性，使网络化协同设计平台中实现资源信息即插即用的特性，从而可以根据市场和环境变化快速地进行任务变化和人员重组。

（三）协作性

协作是网络化协同工业设计平台实现设计协同的保证。网络化协同工业设计平台中的协作主要体现在人与人之间的协作、知识信息的协作和组织与组织之间的协作三个方面：

1.人与人的协作

在工业设计中，设计师永远是完成产品设计的主体，计算机系统只是作为辅助手段，所以不仅需要人机协作，更需要在相关设计人员之间合理分工，通过协作完成各种各样的设计任务。

2.知识信息的协作

网络化协同工业设计系统涉及大量的信息和数据，它们之间保持着相对独立的关系，并与产品设计及其过程息息相关，这些信息和数据资源要保持完整性、连续性和一致性，从而保证协同设计过程可以很好地进行信息和数据资源的传递。

3.设计小组协作

在网络化协同工业设计系统中，是通过集成产品设计小组的方式进行工作的，完成任何一项设计任务都可能需要与其他设计人员或设计小组进行交流和协作，这种协作需要在良好的协同环境下，通过合理的合作机制和组织机制来保证，从而更高效地实现设计任务。

（四）并行性

相比与以往的串行工程流程，网络化协同工业设计系统是以并行工程概念作为指导，在分布式环境中实施并行工程流程，通过流程化管理以缩短工业设计的时间。

二、网络化协同工业设计系统的体系结构

目前，就协同设计系统的结构方面，主要有网络结构、联邦结构、面向主体的黑板结构等三种主流结构。

（一）网格结构

在网格结构中，每个主体不仅有自己的通信接口、局域问题求解知识，还有其他主体模型、当前上下文模型等功能。在这种结构下，可以动态地、灵活地改变协同设计系统中的主体组成，系统有良好的开放性。但是每个主体除了具备领域知识外，还要包含完善的通信和控制知识，这样会产生较大的信息和知识的冗余。因此，网格结构适用于具有主体数量少、要求较强的系统开放性、子任务耦合松散等特性的设计环境。

（二）联邦结构

在联邦结构中，主体间的联系和消息传输需要通过一个作为协调控制器的特殊主体。该特殊主体是其他主体的神经中枢，负责主体之间以及设计组之间的任务的规划、管理、分解和信息转换。当某个主体需要服务时，只需要通过协调控制器发出请求，不直接同其他主体进行交流。因此，联邦结构可以更灵活地实施不同的通信协议，适合于具有子任务耦合程度高、主体数量大、信息交换频繁等特性的系统。

（三）面向主体的黑板结构

面向主体的黑板结构与联邦结构相似，主体间的相互作用也是分组管理的，两者的区别在于面向主体的黑板结构将系统的协调管理划分为几个组成部分。每个局域主体组中有一共享的称为黑板的数据存储区，用来存储设计数据和设计过程信息，主体间的物理通信是由网络管理器来实现的，从而减小了协调控制器的负担。

因为网络化协同工业设计系统中的设计数据和设计过程要进行信息共享，信息和知识的冗余较大，所以选用系统开放性比较强的网格结构。

三、网络化协同工业设计系统的协作模式

在网络化协同工业设计系统中，物理位置分离的设计者承担着不同的设计任务。设计活动从产品需求分析起至任务分配、设计执行等各阶段都需要在协同技术支持下实现不同级别的通信及协商，他们之间的交互、协商贯穿整个设计过程。

根据各子任务及子系统在不同阶段相互关系耦合的紧密程度，协同工作模式通常可以分为松散耦合、中度耦合、紧密耦合三种。

（一）松散耦合协同设计模式

各子任务之间的耦合比较松散。各子任务往只在问题的开始及结束阶段进行交互。一般来说，从一个过程中获取数据信息然后作为另一个程序的输出，最终不过只是要求实现过程自动化而已，是一种弱协同方式。除此以外，问题求解过程中，相互之间的交互较少或者没有。

（二）中度耦合协同设计模式

各子任务之间有中等程度的耦合。在解决问题过程中，各子任务之间也需要进行信息交换。这需要支持工具自动管理各方的信息交互与传输。这是一种集成的工作方式，一般提供共享数据库及数据库转换功能。

（三）紧密耦合协同设计模式

在紧密耦合模式下，设计任务按层次结构划分成许多紧密耦合的子任务，各子任务间的信息频繁交换，结果互相影响。这种方式要求具备网络数据库，还需要项目计划、项目监控等功能以及共享白板、会议系统等协同通信工具。

工业设计一般可分为用户及设计调研、造型设计、工程设计、产品评价四大主要模块，设计子任务数目并不是太多，子任务之间要进行信息的传递，所以采用中度耦合协同设计模式。

四、网络化协同工业设计系统的功能需求

网络化协同工业设计系统相比于其他的协同设计系统，需要协同的内容更加广泛，其功能需求主要有：

1.对任务小组和组内成员进行管理，不同的任务小组和组内成员的权限有所不同；

2.具有支持协同环境的功能，不同任务小组之间和组内成员之间可以通过协同工具实现设计的协同和交互；

3.具有开放性与柔性，系统的用户由不同身份和权限的人员组成，应具有良好的开放性，不同身份的用户有不同的使用界面、工作区环境设置和视图显示，所以需要具有良好的柔性；

4.系统具有任务的一致性功能，任务的一致性是指任务按照特定的工作流程和规则发展，由此避免任务冲突；

5.具有分布数据的自动映射功能，协同设计中各个小组获取产品的不同特征信息，因此要在各个小组间建立产品特征信息的自动转换机制，以便各小组之间对设计方案进行评价与决策，提高协同设计效率。

五、网络化协同工业设计系统的关键技术

（一）协同设计任务管理

设计子任务之间的约束具有多样性，有串行关系也有并行关系。通常在设计任务完成之前，子任务随时都可能被修改，而子任务之间的约束／关联关系，使得一个子任务的修改可能导致其他子任务的修改。

对于协同设计规划过程，设计人员的每一项基本工作用任务来定义和调度。任务可以自己创建，自己成为任务的负责人；也可以是上级下达，与其他设计者协同合作完成任务。根据任务的级别、创建时间、紧迫性和调度原则等因素，制定生产任务完成计划，存放在任务队列中。除了任务分配，接受任务等基本方式外，用户之间的协同还包括工作小组协商等方式。

（二）协同设计规划过程

协同控制的功能在于监控、协同设计过程中的冲突，管理各个功能小组（或者单个设计人员）的活动等。它包括任务管理、通讯、存储管理等结构模块，其中，任务管理模块是整个系统的核心。

（三）协同设计评价技术

一方面，在设计过程、设计人员、各个小组之间由于各自的目标不一致、知识经验、设计规划存在差异性，必然会引起设计内容及参数的不同，这些因素必然会导致协同设计过程中出现冲突。在产品设计过程中，特别是工业设计，冲突不可避免、无处不在。所以说，协同设计的过程就是一个冲突产生并通过评价消解冲突的过程。

另一方面，网络化协同设计在工业设计的应用中，要尽早考虑创新性、功能、结构、工艺等与后续工作有关的约束，全面评价产品设计并提供反馈意见，及时改进设计以保证产品设计与制造的成功。因此，协同设计的及时评价就非常重要。

（四）Web 技术

协同设计系统需要将地域分散的、具有独立功能的计算机通信设施互相连接，完成设计信息交换、资源共享、协调配合等功能，以达到协同设计的目标。Internet、Web 等网络技术的发展使信息传输、数据访问更为快捷。特别是 Web 技术的实现，基于 TCP／IP 网络协议，可以提供一种低成本、用户界面友好的网络访问介质，实现远程、异地信息交互。

（五）产品数据管理技术

产品数据管理是指对设计时所需要的或者生成的数据、文档、产品信息、技术数据、技术信息、图形文件以其他与产品相关的信息和资源进行管理。它对产品设计工作流程的信息进行管理，不但包含静态的数据资源信息，还包含动态的过程信息。给各设计小组提供一个柔性的产品数据管理，是实现协同设计的基础。

（六）协同环境技术

协同设计系统支持群体协同设计，强调人人交互、组组交互，因此需要有一个良好的协同环境。以音频和视频信息为主的多媒体交流是设计人员在协同设计中最常用的方式，多媒体技术是加强人与人之间沟通的有效手段，主要工具有 Mircosoft 的 NetMeeting 等系统工具。

第五章 网络化协同工业设计系统(NCIDS)的实现

现代工业设计随着计算机辅助工业设计、信息通讯技术和并行工程技术的进步，进入了一个新的阶段。Internet 技术的发展为工业产品异地协同设计提供了基础，基于 Web 的盛行，可以把工业协同设计的系统建立在 Web 基础上，通过 Java 语言构建一个 B／S 模式的网络化协同工业设计系统。

第一节 系统实现

一、系统的实现技术

Java 是一种面向 Internet 的电脑编程语言，Java 的诞生，从根本上解决了 Internet 的移植、代码交换以及网络程序安全性等诸多问题。

1.Java 采用了可移动代码技术，在网络上不仅可以无格式的数据信息交换，而且可以进行程序交换。Java 是比较纯的面向对象语言，它的绝大多数程序实体都是对象，利用对象的封装性可以降低程序交换的复杂性。

2.Java 可以和 HTML 无缝集成，把静态的超文本文件变成了可执行的应用程序，极大地增强了超文本的可交互操作性。

3.Java 是一种更安全的语言，它消除了 C 和 C++中众多的不安全因素，是一种简化的 C++语言。Java 语言是将网络安全放在第一位的编程语言，它提供了诸多安全保障机制。另外它还可以拒绝电脑病毒的网络传输。Java 语言比其他语言更适合网络应用软件的开发。

随着 JSP 技术的迅速发展，几乎所有的 Java 的 Web 应用都采用 JSP。一些免费开发源代码的 JSP 容器，如 Tomcat，更推动了 JSP 技术的发展。Strust 为 Java Web 应用提供了模型-视图-控制器（Model-View-Controller，MVC）通用框架，使开发人员可以把精力集中在解决实际业务问题上。

由于 Java 的诸多优点，本系统采用 Java 开发语言，Web 应用采用 JSP，Web 框架采用 Strust2，数据连接采用 Hibernate。系统在 Myeclipse 平台上进行开发，数据库采用 My SQL。

二、系统的配置环境

服务器：Windows Server 2003，客户端：Windows XP、Windows 7。

JSP 运行环境：采用 tomcat 6.0 作为 Web 服务器。

服务器数据库：My SQL 5.5。

客户端浏览显示：支持 Java Applet 的 Web 浏览器（最常用的浏览器 Explore 支持 Java Applet）。

客户端多媒体工具：Microsoft NetMeeting。

第二节　系统的功能模块

针对本系统的具体设计要求，总结出所设计的系统的功能模块（如图 5-1 所示）。

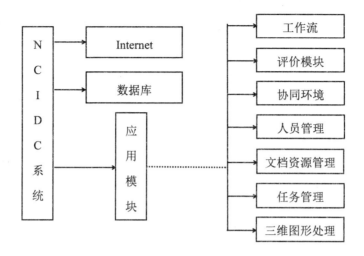

图 5-1　系统的功能模块

一、工作流程模块

工程模块处理工作流中的库所、变迁和连接弧，使设计能按照正常的工作流模型顺利进行。

二、评价模块

主要用于设计过程中的方案评价，评价方法包括名次积分法、评分法、技术经济法、模糊评价法。

三、协同环境模块

本系统的协同环境是通过 NetMeeting 工具来实现的。NetMeeting 是 Windows 操作系统自带的通讯组件，有聊天（文字和视频）、电子白板、文件传递和共享桌面、共享程序四大功能，可把分散的设计人员置于一个虚拟的协作设计群中。协同环境模块功能为通过 NetMeeting 的 SDK 开发工具包提供的 API 接口，可以方便调用 NetMeeting 工具。

四、人员管理模块

人员管理模块包括人员信息管理和人员角色管理。人员信息管理包括添加人员、修改人员信息和删除人员信息等功能。人员权限管理主要负责人员权限、职位、部门的管理。

五、文档资源模块

文档资源模块主要对设计过程中出现的相关文档和资源（如各类设计图）进行管理，有上传、下载和查询等功能。

六、任务管理模块

任务管理模块的功能是根据工作流程，创建任务设计小组，一个任务设计小组里面任命一位组长，由组长对设计小组内部人员进行安排。

七、三维图形处理模块

三维图形处理模块的功能是将上传的三维图形文件进行处理，并使其能够在浏览器上显示和简单操作。

第六章 网络化协同设计系统体系结构和运行模式的研究

第一节 网络化协同设计系统的提出

网络化协同设计系统是在网络化制造系统的总体指导和规划下，利用其技术开发出的一种可以使注册用户进行在线用户管理、资源管理、任务管理以及协同产品设计的网络化支持平台。

根据网络化协同设计系统的定义以及网络化制造系统的内涵，网络化协同设计系统示意图如图 6-1 所示。

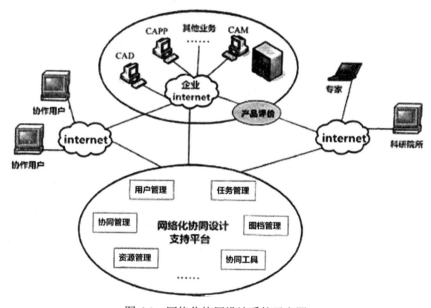

图 6-1 网络化协同设计系统示意图

第二节　网络化协同设计系统的功能需求

一、网络化协同设计系统的功能目标

网络化协同设计系统中协同的内容比较广泛，因此，协同设计系统比一般的 CSCW 系统要复杂得多，应具有以下几大功能：

1.支持基于任务分解的多层次、多群体协同设计工作模型。

2.以 Internet／Intranet 为网络平台，打造一个能够支持产品设计的辅助协同环境。

·支持多点视频会议，支持多人同时参加会议。

·支持多点数据会议。多点数据会议可以通过多种协作工具来实现，如电子白板、在线聊天、文件传输等。

·提供接口来集成现有的协作工具。如应用程序共享和电子白板。

·辅助协同设计功能。

·与 Internet／Intranet 有效集成，共享网上资源。

3.提供协同信息管理、任务管理、协同管理、图档文件管理和成员管理等功能，处理用户对资源的访问请求，为用户分配可用资源，维护资源的并发访问，保证资源及时回收，保证协作能有序、安全、高效和顺利进行。

4.在协同环境中组建虚拟的协同工作组，为企业中的协同设计提供全方位的支持，包括设计资料的异地协同共享与操作，协同用户之间实时的交流与讨论、电子资源的共享与传输等，还能够在线对产品进行设计与修改。

5.具有有效的协作过程控制手段。

·可对协作任务、协作成员、成员权限、协作方式等信息进行查询。

·可协作发起通知、登记、启动和结束。

·可对协作过程管理进行登录、退出。

·可共享设计资源及参考信息。

6.具有清晰、简洁、直观、真实的图形用户界面，操作简便，使用直观。

二、网络化协同设计系统的功能模型

根据系统功能的需求分析，将网络化协同设计系统划分成如图 6-2 所示的功能模块。系统主要由用户管理、任务管理、协同工具、图档管理、协同管理等模块组成。

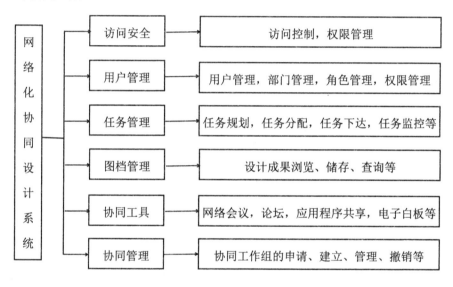

图 6-2 网络化协同设计系统主要功能模块

第三节 网络化协同设计系统的体系结构

一、系统的基本要求

基于网络化的多用户协同设计工作对网络应用技术提出了新的要求，系统在互联和互操作的基础上，必须提供面向用户协作的支持，具体表现在以下几个方面。

（一）应具有良好的人机接口和人人接口

由于协同过程涉及不同地域、不同部门、不同专业的设计人员，协同小组的组织结构应具有灵活性，协同小组成员组成可以跨学科、跨部门、跨行业。所以，为了便于设计人员更好地交流与合作，建立一个简便的多用户交流界面就显得尤为重要。同时，为了保证合作通畅，提供的接口必须是广义上的人与人之间的接口。

（二）应具备兼容性

在异构环境下的协同工作，应用的可移植性和适应性很重要，用户应该能在不同的硬件平台、操作系统和用户接口下协同工作。

（三）具有并发处理和控制功能

由于各个设计人员的领域知识一般都是独立的，各自的知识结构、经验和能力有可能造成冲突。因此，需要具有一种协同机制和冲突消解机制，来保证各个设计人员完成共同的设计任务。

（四）保证全系统产品数据的一致性

由于设计的产品数据是以各种格式的文件分布在网络的不同节点上，设计过程中，不同的用户会使用不同的数据，因此维护数据的一致性是协同设计的关键。

（五）采用开放标准和标准接口

采用 IGES、VRML、STEP 等数据交换标准，能够保证来自产品生命周期各环节的设计人员、供应商和客户的参与，便于信息共享。

二、系统的体系结构

（一）C／S 模式和 B／S 模式的比较

传统的协同设计系统采用 Client／Server（C／S）的两层体系结构，即将系统按照基于客户机的任务和基于服务器的任务划分，使群体协作的成员在空间上和时间上具有分散性，但由于协同设计是一个非常复杂的过程，这种传统结构存在许多无法克服的缺陷。例如，对实时群体交互缺乏支持，对多媒体信息的协作缺乏支持，面向系统的控制与分布缺乏透明性，系统的扩展性、开放性和维护性差。

B／S 模式（Browser／Server，浏览器/服务器模式）是 WEB 兴起后的一种网络结构模式，WEB 浏览器是客户端最主要的应用软件。这种模式统一了客户端，将系统功能实现的核心部分集中到服务器上，简化了系统的开发、维护和使用。

表 6-1 对 C／S 模式和 B／S 模式进行了比较。通过比较可以看出，B／S 模式是一种瘦客户机模式。客户端只需安装浏览器，并根据需要下载所需的应用程序，大部分处理工作放在服务器端，减小了客户端维护工作的负担，易于管理、维护和版本升级。

表 6-1 C／S 模式与 B／S 模式的比较

比较项目	C／S 模式	B／S 模式
客户端	需操作系统、网络协议、客户机软件和应用软件	简化，只需安装浏览器
服务器端	只有单纯的数据库服务器，只完成数据处理	完成所有的开发、维护和升级工作
运行平台	不能满足用户跨平台的要求	易实现跨平台的应用
运行效率	一般	高
安全性	较差	高

B／S 模式的优点是：（1）开发、维护和使用便利；（2）大规模应用系统中的数据库和应用程序组件可以在不同的服务器上运行，这些服务器可以是本地的，也可以是远程的，使系统更合理、更灵活、更具扩展性；（3）采用了"瘦客户端"，使系统具有彻底的开放性，系统对前端的访问

用户数没有限制；（4）系统相对集中于几个服务器上，对系统的维护和扩展都比较容易实现；（5）界面全部统一为浏览器方式，客户机不用安装应用程序，操作相对简单。但是 B／S 模式的交互性、安全性、响应速度及数据传输速率都比 C／S 模式差。

基于 C／S 模式的不足和 B／S 模式的优点，结合网络技术在制造业的广泛应用，目前已有越来越多的 CSCW 系统开始从传统的 C／S 模式向 B／S 模式的三层体系结构转变。在这种三层 B／S 结构中，表示逻辑位置不变，仍放置在客户端，只是并不需要安装客户端程序，只需要安装通用的 Web 浏览器即可。业务逻辑则放置在一个中间服务器上，称为业务服务器事务逻辑；数据逻辑则在另一个服务器上，称为数据库服务器。这种三层 B／S 结构，也称为 Browser／Server／Server 结构，需要强调的是，"三层结构"是指逻辑上的而不是物理上的。简单地说，三层 B／S 结构就是把原来客户机一侧的应用程序模块与用户界面分开并将之放到服务器上。系统由三个功能层组成，即表示层、应用层和数据库层。客户端只负责显示用户界面，当需要进行数据访问或者复杂计算时，客户端向应用层服务器发出请求，应用层服务器响应客户端请求并完成复杂计算，或向数据库服务器发送 SQL 语句完成相应的数据操作并将计算或操作结果逐级返回给客户端。B／S 模式可彻底地解决传统的二层 C／S 中所存在的问题。

（二）系统体系结构

根据以上 B／S 模式的原理，结合本系统的实际情况，本研究提出了基于 B／S 模式的系统体系结构，如图 6-3 所示。

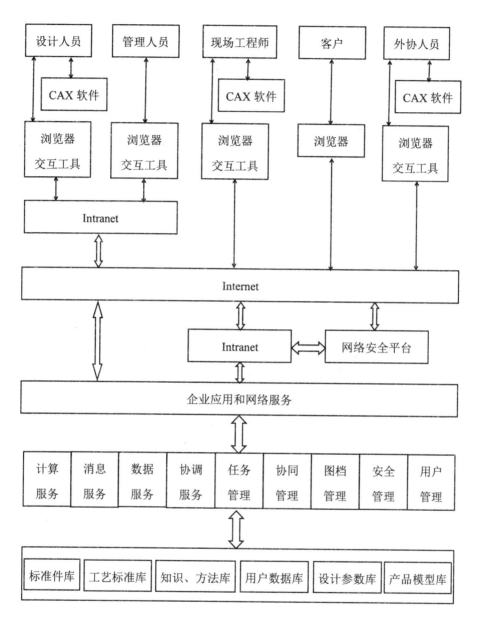

图 6-3 网络化协同设计系统体系结构

三、系统体系结构层次分析

网络化协同设计系统的设计参考了 J2EE（Java 2 Enterprise Environment）标准应用模型，采用了分布式组件结构，具有很大的灵活性。

J2EE 是一种功能完备、稳定可靠、安全快速的企业级计算平台，它由多种基于 Java 的技术组成：Enterprise Java Beans（EJB）、Java Server Pages（JSP）、servlet、Java Naming and Directory Interface（JNDI）、the Java Transaction API（JTA）、CORBA、the JDBC data access API 等。

J2EE 技术为设计和部署产品协同设计系统提供了一组完整的参考模型，系统层次结构包括四层：客户层、请求接收层、应用逻辑层、资源层。如图 6-4 所示。

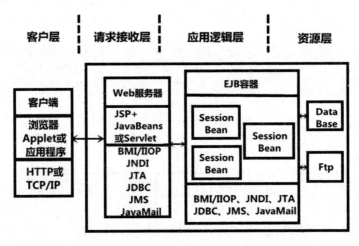

图 6-4　系统层次结构

1.客户层（用户界面设计）是协同设计系统同用户的交互界面，具有动态交互、请求服务的能力。

2.请求接收层主要将客户层的请求转交到业务层，因此可以不考虑系统业务的实现细节，也往往作为登录管理、会话管理等服务的网关。一般采用 JSP / Servlet 技术来实现。

3.应用逻辑层实现所有产品设计业务过程的实际处理逻辑，包括多个服务组件（可重用可编程组件），例如文件上传下载组件、图纸浏览发布组件、协同设计过程管理组件、信息通讯组件、数据管理组件等，可执行相对应的功能任务。这些服务组件负责处理请求接收层传过来的客户请求，再将处理结果返回给请求接收层，如果需要的话还可以将处理结果交给资源层进行存储，一般由 EJB 中的会话 Beans 和消息驱动 Beans、实体 Beans 来实现。所有的业务逻辑封装于 EJB 组件内。

4.资源层由数据库和数据存储区两部分组成。主要是为业务逻辑层提供数据服务。数据仓库则是为了满足用户的设计需求，将设计产生的大量文件数据、图档数据存储到客户数据存储区。

四、系统结构特点

从网络化协同设计系统体系结构和层次结构的分析和描述中，可以发现系统具有如下特点：

1.整个系统采用 B／S 模式的逻辑结构，并使用 J2EE 技术构建；

2.采用 Java 语言编写，具有跨平台的优越性；

3.资源层（服务器端）：用于完成数据的存储和读取，数据的备份、恢复、镜像以及数据的分布式部署，该层以大型数据库作为支撑；

4.应用逻辑层（中间件层）：完成各种数据计算、分析等处理，运行在 EJB 容器中，可以进行灵活的部署与扩展；

5.请求接收层（Web 层）：利用 JSP 编写，用于处理用户输入输出界面，完成了与客户的交互过程。

第四节　网络化协同设计系统的运行模式

在协同设计系统的支撑下，分布在不同地点、承担不同子任务的设计者之间能有效地进行交互通信和协商。在协同设计过程中，从产品的需求分析和创意到设计任务的分配、设计任务的执行、设计任务的完成等各个阶段都需在并行工程环境协同技术的支持下实现不同级别的通信和协商。因此，一个协同设计系统必须具有一个以项目和任务为中心的远程设计项目协作机制，以保证协作成员间具有"协作活动感知性"。

面向网络化设计的运行模式，包括基于任务管理的协同设计模式、基于冲突解决的协同设计模式、基于产品信息共享的协同设计模式以及面向产品创新的协同设计模式。计算机支持的协同工作（CSCW）为网络化协同设计奠定了理论基础。

基于任务管理的协同设计系统的核心是协同设计过程管理和协同小组的协同设计实现。如图6-5所示，协同设计系统的运行管理模式，以设计任务管理为中心，管理设计人员的工作流程，同时对协同设计中的设计结果信息进行管理，并建立信息管理安全机制；而协同小组协作使用用户能在线共享设计信息，协同完成设计任务。

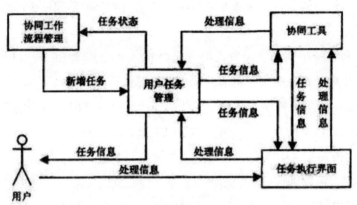

图6-5　协同设计运行管理模式

由协同设计过程管理模型可知，系统工作模式以设计任务管理为中心，对设计过程管理应提供如下功能：任务管理界面、任务定义与分解、任务分配、子任务监控、工作记录、任务进度控制、任务信息描述、协同工具等。以任务管理为中心,建立以任务为中心的协同设计任务多层组织与管理模式，将总体任务分解为若干子任务，将各个子任务之间的进程关系定义为约束网络，以进程的管理和控制为核心进行协同设计。在这种设计工作模式中，需要有一个功能很强的任务管理系统，完成协同设计的任务分解、子任务定义、约束管理和任务进程控制。

设计小组的协同工作主要是在产品的开发过程中进行信息交流。系统必须提供有效的协作信息交互、控制手段，即协同工具。协同工具包括同步式协同工具和异步式协同工具。同步式协同工具是指可以使设计小组同步看到相同内容的交流工具，即共享型协作，如屏幕共享、共享白板等；异步式协同工具是指设计小组成员间不是同步看到相同内容的交流工具，而是交互式协作，如文件传输工具、电子邮件等。另外，系统要为设计人员提供基于网络的设计辅助工具，以提高设计人员的设计效率。

进行产品协同设计时，信息的交流形式主要有图形文件的传递、图像的实时浏览、文本交流、实时讨论等。进入协同工作区进行协同开发时，设计者应准备好设计底稿，进入协同区后可利用协同设计系统提供的协同工具进行协同设计。

第四部分　网络化协同设计系统关键技术研究

第七章　网络化协同设计系统协同工作的关键技术研究

网络化协同设计是由多个设计小组或人员协作来完成同一个设计任务，因此会出现很多问题，诸如访问安全、用户—权限管理、协同设计过程、设计信息交换与共享和协同工具等，本章的任务则是探讨这些问题并提出解决问题的具体策略和方法。

第一节　系统的访问安全

网络化协同设计系统是多用户、多任务的分布式协同工作环境，安全性是首要问题。造成系统不安全的因素有很多，主观上有系统的稳定性和可靠性不足，客观上有人员工作失误、操作不当，对系统安全性影响最大的是人为的故意破坏。因此，协同设计系统需要采取有效的安全防范措施，防止非法用户进入系统，防止合法用户对资源的非法使用。

协同安全需要解决两个问题：一是识别与确认访问系统的用户；二是决定该用户对系统资源的访问级别。

系统中的登录用户身份权限有四级：系统管理员、项目总设计师级、组长级、组员级。协作工具部分的网络会议有两级权限：会议召集人和普通用户。会议召集人可以是任务负责人或者是任务小组长。

在协同设计过程中，不同级别的设计人员拥有的权限是不同的。主要分为以下两种。

1.人员分为不同的任务小组，负责开发产品的不同部分。只有本小组的人员才能改变本小组的产品数据。用户的存取权限由他在产品开发中的角色决定。角色是与小组和任务相关的概念。

2.系统存在超越权限的用户。例如项目总设计师有权限查看和修改全部任务小组的数据。在某些时候，邀请多学科专家对设计中出现的问题进行讨论时，必须允许其读取数据。

由于用户的身份可能发生变化，权限存在一定的动态性，应该及时将权限的剥夺、授予以及口令等信息通知对方。应该公开的信息采用公告栏公布，不能公开的信息采用短信息形式发送。

第二节　系统的用户—权限管理

网络化协同设计系统的目的就是要支持多用户协同参与同一任务。由于各用户在协同工作中承担的任务不同，对信息的需求也不同，所以系统需要根据用户的角色提供相应的管理机制。

一个设计部门有很多人员，每个人员都有不同的职责和岗位。为了便于管理，必须对这些人员进行组织安排、角色安排和权限控制。在产品数据产生的各个阶段，各类用户对数据具有不同的操作权限。用户管理和权限管理要根据用户的职责、任务和产生数据的目的制定有关的规则，赋予用户相应的权限。通过用户管理和权限管理，产品数据的操作可以得到一定的安全控制。有了用户管理的功能，企业还可以更好地进行跨企业的协作，一个企业可以把协作企业的有关人员注册成自己企业的用户。只要给这些人员分配适当的角色，就可以既能保证协作工作顺利进行，又不影响本企业产品数据的安全。

一、模型的建立

用户权限管理模块中采用的是用户—组织—角色—权限管理模型。它规定了系统实施范围内的用户、组织、角色和操作权限，是设置协同工作环境的基础。下面简要地对此模型进行描述，首先介绍几个概念：

1.用户：指的是所有使用本系统的人员，既包括企业内的人员，也包括外部协同者。用户一般有以下几个属性：用户登录名称、用户真实姓名、用户所属部门和用户个人信息。

2.组织：指的是企业中的人员组织方式。不同的企业有不同的人员组织方式，即使在同一个企业中，由于产品开发的不同情况也会有不同的组织方式。概括地说，有静态组织和动态组织两种方式。静态组织是一种相对固定的工作组织，如设计部门、工艺部门、制造部门，等等。动态组织一般是根据某一项目，临时组织起来的工作组，它一般是由各部门人员组成的，当项目结束的时候，动态组织就会解体。

3.角色：是指承担的岗位责任。每个用户必须拥有一个或一个以上的角色。每一种角色都有它的系统操作权限。

4.权限：指的是可以执行的操作。权限的设置一般包括两个方面，一方面，是设定权限所控制的对象；另一方面，是设定角色对控制对象的读、写、删、改等操作的权限。

使用系统的企业人员首先被注册为用户，每一用户都隶属于不同的组织，一个用户只能隶属于一个静态组织，但可以隶属于多个动态组织，每一个组织都有一些岗位角色。通过组织管理，角色被分配给用户，一个用户可以有多个角色。对于每个角色，它都被赋予权限。用户只有在被分配了角色的情况下才可以进入系统，以角色为主，只有通过角色，用户才能操作系统，使用系统的各个功能。

二、用户管理设计

1.多用户工作界面自动生成对输入进行合法性检查，识别登录人员的角色和权限，并自动生成系统赋予用户的工作环境。

2.系统通过操作系统的安全控制、网络的安全机制和数据库管理系统以及自身的安全控制来保证数据的安全性。

3.系统将使用人员划分为系统管理员、项目总设计师级、组长级、组员级等级别，实现用户的分级管理，不同的用户拥有不同的操作权限，在使用过程中，可动态修改各种权限。

4.用户所在部门一般按照企业部门职能划分，一个部门可以有好几个组。一个大组可以划分为若干个小组。大组中的用户集合是小组中用户的并集，小组继承大组的权限，组内用户继承组的权限。

5.可对相关人员担任的岗位或角色进行定义，如设计、审核、工艺、外协人员等。设置相关人员对具体资料的操作权限，如图纸或文档的浏览、上传、编辑、删除、下载、查询等权限。

6.用户定义就是指定用户、用户权限和口令等。此工作可由系统管理员和总设计师完成，也可由用户自己申请，等待管理员和总设计师分配其相应的权限。系统管理员有权增加、更改和注销所有用户，总设计师有权增加、更改和注销本企业用户，一个用户定义必须填写用户编号、用户名、口令、单位等。

三、权限管理设计

系统提供了集中身份的分类注册和访问控制。任何成员在使用系统以前必须进行成员注册。成员登录分为各种角色，如果角色不正确的话，即使用户名和密码是正确的，也不可以操作系统。

系统的成员角色分为四种：

1.系统管理员：具有最高权限，包括对注册用户进行身份核实，并分配ID 号；增删用户；维护公共信息资料等。

2.总设计师：可以在系统的信息发布讨论区发布浏览信息、下达任务、查看任务列表、承担项目、上传下载图纸资料、管理本企业用户等。

3.组长：可以向普通设计者分配设计任务、制定设计计划、检查设计任务等。

4.组员：可以查询自己的设计任务，上传设计结果，浏览公共产品库的信息资料和企业的图文档资料。

在系统实现中，采用基于角色的权限策略。每个成员角色都向下兼容，即上一级角色拥有下级角色的所有权限。在本系统中，将信息访问权限分为七类：禁止、读取、添加、修改、删除、上传、下载。

1.禁止权限：禁止对信息对象进行任何形式的访问。该权限高于任何其他权限，即使信息访问者被给予其他权限类型的访问权。

2.浏览权限：用户对信息对象只有浏览权限，不能对信息对象进行编辑。

3.添加权限：用户不仅有读信息对象的权限，还有增加信息的权限。

4.修改权限：用户不仅有读信息对象的权限，还有修改信息的权限。

5.删除权限：用户不仅有读信息对象的权限，还有删除信息的权限。

6.上传权限：用户拥有向服务器上传图文档的权限。

7.下载权限：用户拥有从服务器下载图文档的权限。

第三节　协同设计工作过程研究

一、协同设计工作的过程模型

网络化协同设计是以过程为主的群体协作模型，它贯穿于设计任务的始终。协同设计工作的过程模型如图7-1所示。

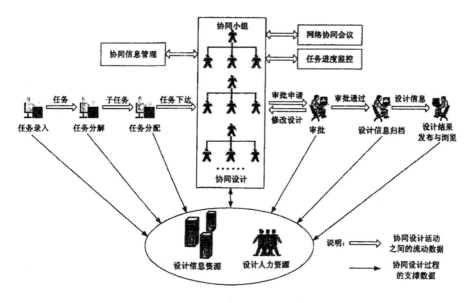

图 7-1 协同设计工作过程模型

从图 7-1 可以看出,协同设计最开始的工作是录入产品设计任务,然后由任务总负责人对设计任务进行分解,得到新产品开发各个部分的任务,将这些任务的具体内容填写入任务信息单,下达任务到指定的设计小组。各小组的负责人领取到设计任务后,组织本组设计人员利用协同设计系统的协同工具和管理系统进行网络协同设计。在任务执行过程中,任务负责人要监控任务进度,对协同信息及时进行动态管理。当设计任务完成时,由任务负责人提交设计文件,审批通过的设计文件将存入服务器,如果设计文件没有通过设计审批,则需返回上一步进行修改设计后重新审批。当一个任务的所有设计工作全部完成,便可以将产品存入服务器的设计信息资源库,并通过 Web 发布,供客户浏览。整个过程模型由计算机网络和数据库支持。

二、协同设计工作的组织模型

协同设计工作的组织模型用来定义协同设计工作中人员的组织结构,为协同设计活动的执行提供柔性的组织定义。根据前面对协同设计流程的分析,设计任务是整个协同设计过程的中心，所以，协同设计工作的组织模型也围绕设计任务建立。协同设计工作的组织模型如图 7-2 所示。

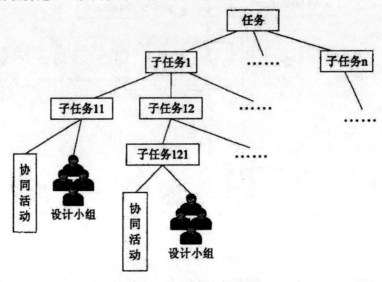

图 7-2　协同设计工作组织模型

由图 7-2 可知，一个任务可以分为多个子任务，每个子任务由相应的设计小组通过设计成员间的协同活动来完成。子任务根据复杂程度又可以继续划分为次一级的子任务。通过这种层次关系的定义和划分，可以较好地将以设计任务为中心的协同设计组织起来。等到所有的子任务完成，整个任务也结束了。

从图 7-2 的多层组织模型中可以看出，组织模型的核心元素设计任务可以被定义为一个三元组：

设计任务＝（子任务组，设计小组，协同活动）。

子任务组是指任务根据其复杂程度分解后形成的所有下层子任务，用于进一步描述该任务，如图 7-2 中子任务 1 对应的子任务组为{子任务 11，子任务 12，……，子任务 121}。一个子任务的所有下层子任务组成一个树形结构，该树形结构的深度和宽度决定了该设计任务的分解程度。

设计小组是指用于完成一个具体设计任务所分派的人力资源的集合，每个设计小组由一位负责人进行组内各设计成员工作的组织和协调。设计成员通过网络协同工具共同完成设计任务。设计小组与所承担的设计任务绑定，当任务结束时，这种绑定关系随之取消。

协同活动是指为完成设计任务，设计成员利用系统提供的协同工具所进行的协作，具体包括同步、异步协同设计，白板协作，应用程序共享，多媒体通讯协作，文件互传，在线讨论和分析，等等。协同活动可以是点到点的协同，也可以是以协同小组的形式进行组织，通过协同工具充分交流信息来达到协同设计的目的。

三、协同设计工作的资源模型

协同设计工作的资源模型用来定义资源的组织结构，为协同设计活动的执行提供资源支持。协同设计系统是一个虚拟的网络社区，所有的设计任务都是在这个虚拟的社区里完成。因此整个系统的资源主要由人力、客户机、网络和服务器构成，具体组成如图 7-3 所示。

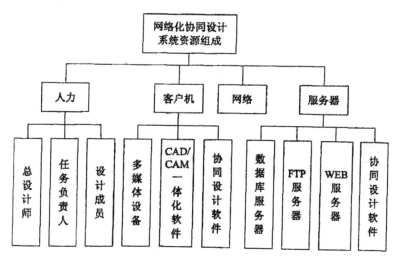

图 7-3　协同设计工作资源模型

人力资源是指参与协同设计的设计人员和其他相关人员，它包括 3 类人员：总设计师、任务负责人和设计人员。总设计师负责设计任务的组织、管理、监督与控制。任务负责人是承担设计任务的责任人，负责设计任务活动的组织与管理。设计人员在任务负责人的组织下和其他设计人员协同工作，共同完成所承担的设计任务。

客户机资源是指设计人员所处设计节点的软硬件环境，即计算机设备、CAD / CAM 一体化设计软件及协同设计客户端软件。

网络是协同设计的最基本的要求，是协同设计的基础。所以网络资源也是协同设计最基本的资源。

服务器资源是依据协同设计分布式环境设置的，它由多媒体服务器、服务器和协同设计服务器端软件组成。

四、协同设计工作的数据模型

协同设计工作的数据模型是指协同设计活动执行过程中需要用到的数据。图 7-4 是协同设计过程中的相关数据描述。

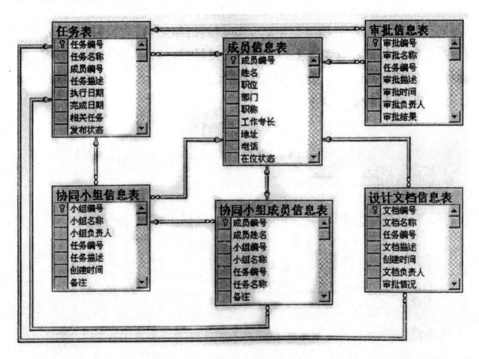

图 7-4　协同设计工作相关数据描述

根据对前面协同设计过程模型的分析可知，在设计过程中，相关的数据信息流分为两类：设计活动之间的流动数据和协同设计过程的支撑数据。在

图 7-4 中采用 SQL Server 数据库描述协同设计流程的数据参照关系。数据库主要由成员信息表、任务表、设计文档表、审批信息表、协同小组信息表、协同小组成员信息表等组成。其中设计任务由任务、设计文档及检验审批等来描述，协同成员通过协同小组建立联系，协同完成设计任务。协同小组成员信息表描述了协同设计工作的组织模型。

第四节 基于层次的协同工具集成框架

实现上述协同工作过程的重要手段就是构建相应的协同工作环境，而协同工作环境往往是由相应的协同工具组成。常用协同工具主要包括：协同数据库、电子邮件、屏幕共享、网络会议系统、产品协同浏览与批注、BBS、协同写作与讨论、及时消息传递、协同 CAD、工作流系统等。

在此提出一种基于层次的协同工具集成框架，就是将常用协同工具进行集成，充分发挥它们的集成功能以支持协同设计。协同基本工具可归类为四个层次：信息层、通信层、协同工作层以及协调管理层。

信息层实现信息的归档与共享。在产品设计过程中，信息资源归档与共享工具能记录设计的进程，协同设计人员能很容易地查阅共享信息。该层功能的实现基于 B／S 模式的数据管理系统，必要时还需建立协同数据库系统。具体实施时，应充分考虑传统的设计资料与数字设计文档的安全机制。

通信层为协同设计人员提供群组或点对点通信服务。当某设计过程由多方协同完成时，通信层所提供的工具就显得格外重要。这些工具主要包括两大类：

1.异步通信工具集，主要有 E-Mail 等；

2.同步通信工具集，主要有网络会议系统、BBS 等。随着数据编码技术和网络技术的不断发展，网络会议系统将成为主流的协同工作通信手段。

协同工作层为各协同成员提供共享的工作空间，使得他们能就某一共同目标实现协同操作。该层主要的工具有电子白板、二维 CAD 协同绘图、协同写作与讨论、三维 CAD 协同建模等。这些工具的共同特征就是能管理多用户的同步状态、实现协同感知、并发与互斥控制以及会话管理等。

协调管理层为协作体成员提供资源共享、协同工作等方面的协调管理工具。协同成员可能因共同的利益或组织关系需要共享信息资源，还可能存在工作活动的交叉、重复，或者资源调度、时间或空间的差别等，这样就需要应用一套有效的协调管理机制（也称为同步机制），主要解决个体行动或动作之间的同步、个体行动或动作与整个过程之间的一致性。在协调过程中，频繁、有效的信息交互能确保所有人员都对最新的方案感到满意。

第五节　基于 NetMeeting 的协同设计工具

一、NetMeeting 的功能和系统结构

NetMeeting 是 Windows 操作系统自带的一个通讯组件，是一个实用的网上实时交互工具软件。NetMeeting 实现了在 Internet / Intranet 上的实时通信和协同工作，提供基于标准的音频、视频和多点数据会议支持。当进入会议状态，能够通过电子白板、基于文本的交谈、文件传输、应用程序共享和视频会议等功能进行对任务的协同设计。这些功能以多种方式对协同设计工作进行辅助。因此可以被用来作为网络协同设计的协同工具，其系统结构如图 7-5 所示。

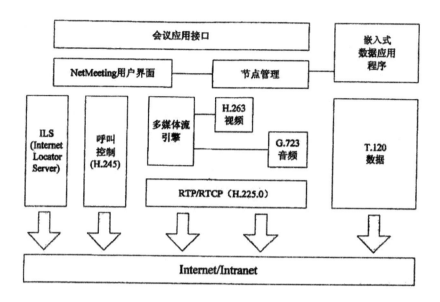

图 7-5　NetMeeting 系统结构图

1.会议应用接口（Conference API）：其功能就是为程序员提供基于 NetMeeting SDK 的应用程序接口，包括 COM Objects 和 ActiveX Control，通过它们可以把音频传输、文件传输、应用程序共享等功能集成在程序员自己开发的应用程序中。

2.控制层（Control Layer）：包括用户界面（NetMeeting MI）和节点管理（Node Management）。用户界面可以根据用户的喜好随意定制。节点管理控制着每一个会议以及每一个会议上的用户信息。

3.音频／视频控制组件（Audio／Video Components）：包括呼叫控制组件（Call Control）、多媒体数据引擎（Media Stream Engine）、音频编码解码（Audio Codec）、视频编码器（Video Codec）和实时传输协议（RTP／RTCP）。其中呼叫控制负责用 H.245 标准建立 NetMeeting 呼叫的音频和视频部分；媒体流数据引擎在发送方负责音频视频数据的坐标捕获、压缩和传输，在接受方负责这些数据的接受、解压和重放；音频视频编码解码器分别以 H.263 和 G.723 兼容标准对音频和视频数据进行压缩和解压缩；而实时传输协议则以 H.255 标准实时处理网上的音频和视频数据流。

4.会议数据组件（Data Components）：包括 T.120 数据和内建数据应用

（Build-in Data Application）。该组件负责控制会议中的数据传输，如文件传送、应用程序共享、交谈等。

5.Internet 网络定位服务器（Internet Locator Server）：保存一个用户目录，可以向用户提供会议上的用户信息。

二、基于 NetMeeting COM 接口的开发

NetMeeting 的 SDK 开发工具给开发者提供了 COM 规范的 API 接口，用户可以跳过网络通信的底层技术细节，集中精力在软件的功能设计上，通过使用 COM 接口技术将 NetMeeting 的 COM 功能组件集成到自己的应用程序中,开发出满足自己需求的网络通信产品。基于 COM 的 NetMeeting 对象，定义了全面管理视频会议系统各部件的规范，NetMeeting SDK 中包括详细的文档和一些示例程序。它不仅提供了会议管理的功能，而且还提供了各种通道，使开发者可利用各种通道传输各种数据，各 COM 组件的关系如图 7-6 所示。

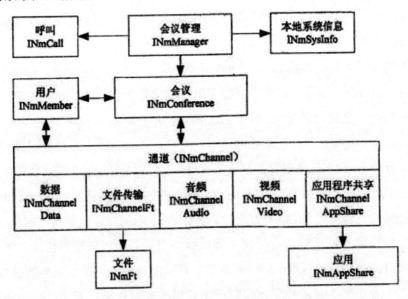

图 7-6　NetMeeting 各 COM 组件关系图

会议管理组件（InmManager）是整个系统的核心，每个应用程序必须包

含一个会议管理组件，它管理着本地系统信息组件（InmSysInfo），监视和控制会议参加者的呼叫组件（InmCall）和正在进行的会议实例。会议组件（InmConference）负责管理会议成员的会议成员组件（InmMember）和用于传输特定媒体信息应用程序共享、音频流、视频流、纯数据、文件传输通道的通道组件（InmChannel）。

利用 NetMeeting SDK 进行二次开发的步骤：

首先，利用<OBJECT>标签把 NetMeeting UI（UserInterface）ActiveX Control 嵌入协同设计系统中。

其次，利用 NetMeeting COM object 进行深层次的开发，该对象可以利用 Java 和 JavaScript 来作为 NetMeeting UI ActiveX 控件的编程工具，因此具有良好的可编程性。NetMeeting COM object 具有属性与方法，可以在动态网页中控制 NetMeeting COM object 的状态，其属性与方法主要有：

Callto 用于创建呼叫，如果对方应答，则创建一个新的会议连接；

IsInConference 用于检查协同设计人员当前是否处于活动状态；

LeaveConference 结束调用 NetMeeting COM object，离开会议；

UnDock 拷贝一个 NetMeeting 作为顶级窗口，使最终用户可以把该窗口拖放到屏幕的任何地方；

Version 返回当前 NetMeeting 的版本号；

Events 当会议的开始和结束的事件发生时，利用此功能可以通知某个应用作出相应的反应。

最后，只要通过调用 NetMeeting 的 COM 接口函数，就可以管个网络会议，完成所有 NetMeeting 的功能，而大量的底层技术细节都出 NetMeeting 处理。

三、应用程序共享技术

设计工作在多个设计小组之间展开，各个设计小组使用的设计软件各不相同。为了实现多个设计小组对同一设计软件的同步协同交流。协同设计系统采用了程序共享技术。程序共享技术的目标就是让每个异地的用户都可以看到相同的软件工具的屏幕显示界面，而且工具界面的任何变化都被实时地传送到每个用户的客户端，其原理如图 7-7 所示。

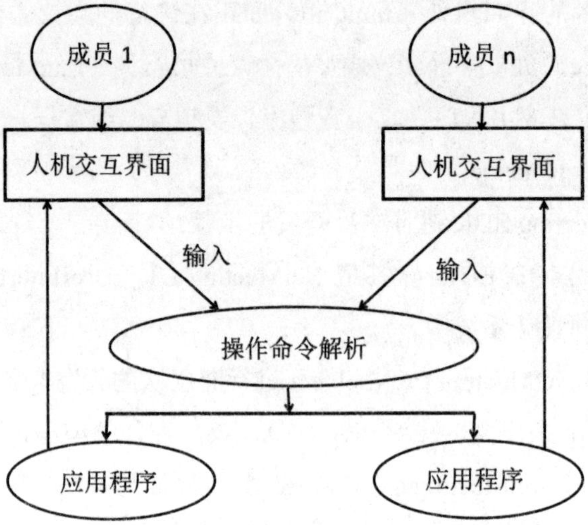

图 7-7 应用程序共享示意图

这个程序共享与同步的功能是由 NetMeeting 的共享与远程控制模块实现的。共享与远程控制模块主要为服务器提供多个用户间的同步浏览与远程协同操作功能。如果把该模块安装在企业软件服务器上，那么企业原有的软件资源就可以被转化成为能够被多个用户远程协同使用的协同资源。例如，可以使多个用户同步浏览一张在远程的 AutoCAD 服务器中打开的设计图纸，而且可以由多个用户协同对该设计图纸进行在线编辑。当把共享与远程控制模块安装到工具软件所在的计算机上之后，共享与远程控制模块能够实时地发现该工具软件界面的任何变化，并把变化的屏幕数据转化为数据流，传送到各个异地用户的客户端，再由客户端的程序根据接收的数据重新显示远程工具软件的屏幕，从而实现了同一个工具软件在不同用户端的同步、实时显示，实现对工具软件屏幕的共享。

第八章　基于网络的协同设计系统的技术方案

第一节　工业设计模式分析

工业设计的核心内容是产品设计，作为将产品的质量、生产、销售等众多元素结合一起的提高产品竞争力的重要手段，工业设计模式的改变一直是企业的重要探索方向。工业设计模式从劳动力输出向创新性品牌设计的方式进行过渡，充分利用 CAD、CAM、CAE、人工智能、多媒体技术、虚拟现实等信息技术，增加设计方法、设计技巧、设计过程、设计质量和设计效率。

一、计算机支持的工业设计模式分析

计算机进入工业设计领域之后给设计带来了巨大的影响，主要表现在设计方法、设计模式、设计思维等方面。现在计算机应用已经扩展到工业产品设计的所有领域，形成一整套计算机技术和自动化系统，像计算机辅助设计（CAD / CAM）、计算机辅助工程（CAE）、计算机辅助进度管理（CAPP）、计算机辅助质量控制（CAQ）等。

计算机技术对设计方法、设计模式与设计思维都产生了巨大影响。对设计方法的影响在于三维图形技术、虚拟三维空间模拟与屏幕细节展示，这些三维交互允许设计者预览产品的真实效果，在设计过程成为产品之前进行测试与反馈，以此降低产品开发的风险；对设计模式的影响体现在提

供一个精准且效率高的信息与数据创建、存储、交换方式，而且互联网允许设计者共同工作以完成同一个产品设计，联网计算机设计工具使产品设计逐渐实现了无纸化与数码化；对设计思维的影响体现在计算生成不再占用人为劳动的大部分时间，设计者思维主要集中在创新，设计标准与设计表达形式将由计算机协助生成。

虽然现今计算机支持的工业设计模式已经比较完善，但还有需要发展与研究的领域，主要表现在人机交互的增强，虚拟体验与真实成品的转换，智能化与人性化的设计模式等。这些都强调了设计者与设计者之间的协同设计的重要性在于计算机设计工具的集成，在于基于网络的协同设计领域的信息交互，还在于创建更智能的设计环境来激发设计者的潜在能力。

二、项目工业设计模式分析

本研究根据毅昌公司在进行工业产品设计过程中遇到协同设计问题，提出信息化工业设计模式的研究。DMA（Design & Manufacture & Services）是毅昌开创出的创新的产业模式，这一模式以工业设计为先导，打通包括设计、模具、注塑、喷涂等环节在内的完整产业链条，形成了设计与制造相结合的服务模式。

目前该公司的工业设计是基于传统的设计模式，采用集中式共享方式管理设计图纸，如图 8-1 所示。在该模式下，异地设计与统一上传管理，使用 FTP 协议方式访问存储，各设计人员基于这种模式获取设计项目各种信息。非公司人员或外围用户没有途径参与到设计中，而且其 PDM 与 ERP 系统对设计工作流程停留在设计项目的时间控制、进度管理、人员分配等方面，组里设计人员之间的协同工作应用方面十分不足，缺乏对设计过程的管理，无法将工作协同粒度精细到设计任务上。

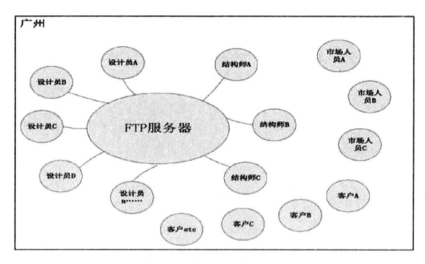

图 8-1 目前集中共享式协同状况

　　因此该公司提出的新的工业设计模式的侧重点在于人与人设计的协同、人与计算机的交互，提供支持网络的统一协同设计平台。以项目组为单位，以任务为工作单元，采用异地异步协同设计模式，在各用户之间建立一个多模块的共享工作信息空间，如图 8-2 所示：

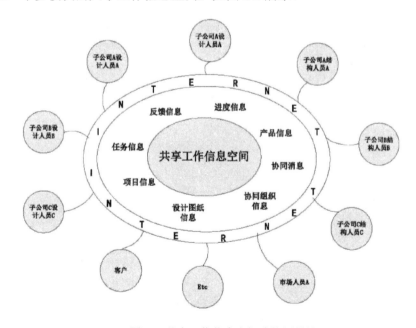

图 8-2 共享工作信息空间式协同设计

第二节 基于网络的协同设计的系统目标

根据以上工业设计模式现状的分析，本文提出创建基于网络的协同设计系统的目标必须实现协同设计的以下几点要求：

1.协同设计是计算机支持的产品设计与协同工作模式两种模式的组合，要在产品整个生命周期中实现功能集成、信息集成、资源集成。

2.协同设计的群体性工作要求来自不同企业或企业内不同部门的技术与管理人员所构成的团队的协调性效率最大化与合作效益最大化。

3.由于协同设计贯穿产品设计的整个过程，所以强调了过程管理与资源访问控制，其时间分离与空间分散的特点要求实现更安全的协同控制能力。

4.协同设计是面向设计用户的，协同设计系统必须是即时、友好、方便的协作空间。

基于网络的协同设计系统的实现需要达到以下 4 点目标。

1.要增强产品设计流程的项目管理能力，将项目管理这门逐渐成熟的学科的领导、组织、用人、计划、控制五项工作运用到协同设计过程中，设计一套合适的项目管理系统，可以合理定制项目计划、分解与规划项目任务、自定义任务流程、监控项目进度和质量、协调和分配资源。

2.要实现产品设计流程的协同设计能力，建立一个功能模块化，分布式的、高度并行的高效可靠的协同设计工作模式，使参与设计任务的用户可全方面得知设计的协同信息，提高设计效率，避免冲突与加速设计完成周期。

3.要提高产品设计资源的访问控制安全性，使协同过程中利用的资源与产生的资源能够有效、安全地分享、利用和管理。

4.实现基于网络的协同设计统一平台，将计算机技术、多媒体技术、网络技术等信息科学技术的前沿理论与应用集合起来，提供给协同设计工作人员一个友好易用的协同工作环境。

第三节　基于网络的协同设计系统的总体技术架构

通过对基于网络的工业产品协同设计系统的需求目标的分析，本节结合计算机相关技术，设计协同设计系统的系统框架、业务逻辑框架与数据字典，如图 8-3。

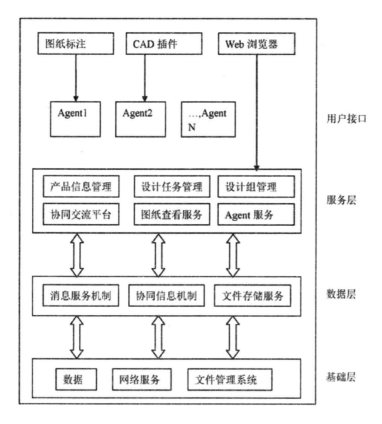

图 8-3　协同设计系统体系架构

协同设计平台从体系结构上主要分为四层：基础层、数据层、服务层以及接口层。

基础层为协同系统提供底层数据服务，包括文件管理服务、网络通信服务、数据库访存持久服务等数据表达、存储、传输的基础服务。

数据层旨在为系统提供协同设计过程中产生的信息的数据表达及操作，包括消息服务机制、协同信息机制、文件存储服务等。

服务层面对数据层的数据操作服务进行再封装，构成协同设计系统的业务逻辑功能模块，包括产品部件管理、任务流程管理、设计组管理、协同交流平台、图纸管理、Agent 服务等功能。

接口层是用户访问协同设计系统所使用的客户端软件，这些软件包括桌面型的 CAD 设计插件，图纸标注插件，微软 IE、FireFox、Google Chrome 等 Web 浏览器。

第四节　基于网络的协同设计系统研究技术概述

一、工作流任务管理技术

传统计算机支持的协同工作是无组织的、以信息为中心的模式，这有别于有组织的、以过程为中心的工作流管理系统方法，简单地将两者组合起来并不能真正解决产品协同设计过程的资源、控制等问题，所以本文将工作流管理方法集成到协同设计过程。本系统将工作流抽象成项目组织，然后将项目按照设计业务逻辑和产品部件装配模型进行任务分解，任务作为最小的活动单元，允许自定义任务人员分配与任务资源分配。根据工作流的网模式抽象出任务拓扑时序定义流程图，允许实现任务之间的并序、串序、偏序、回溯的逻辑时序关系，任务之间基于消息触发实现工作流进程移动。

二、多 Agent 架构的协同设计模块应用

采用多 Agent 架构搭建协同设计 Agent 平台，设计 Agent 体实现协同功能、协同通信、协同工作，目标在于将应用与框架集成到协同设计系统当中，实现一种分布式的协同模块交互通信方式，协助协同设计系统用户进行任务协同、图文档协同设计、项目管理与消息协同交互等功能。

在 JATLite 的基础上，设计一种模块化、抽象化、易修改功能的 Agent 体，根据协同设计系统功能需要开发相应行为的 Agent，搭建一个多 Agent 框架实现协同设计系统的模块协同问题。目前使用多 Agent 框架与技术应用在系统图纸设计的协同标注系统中，将 Agent 注入到图文档标注客户端中与协同设计系统图文档管理模块的服务端中，实现多用户进行协同标注。协同设计系统中使用的智能体（Agent）是基于 Agent 模板复用的。

三、协同感知技术的应用

基于消息的协同感知技术，主要研究协同设计系统模块间的协同消息的数据模型、数据传输以及协同消息被协同设计人员感知的方式，使 协同设计人员在进行群组设计时能够得到合作人员的工作状态、工作成果以及操作引发的影响等协同设计信息。在定义协同设计系统的协同感知模型之后，设计协同感知消息的格式与协同模块间的感知消息传递方式，最后实现感知消息与用户信息接收的转换过程。

四、基于角色任务权限控制的应用

TRBAC 访问控制模型将协同设计项目进行任务分解，任务之间使用工作流管理技术定义任务拓扑结构，在工作流过程中动态赋予工作人员任务资源的访问权限。同时将静态的角色权限赋予项目或任务的协同人员，约束其对协同信息的获取。

第九章 协同感知技术的研究

第一节 协同交互

支持网络的协同设计涉及的实体有设计过程、设计人员、计算机协同、网络通信等，各设计实体之间必定要产生相互关系——协同交互，具体体现在实体的交互关系与交互方式中。如何获得交互的信息和提供交互信息的感知方式决定协同设计的协同体现。

协同交互的方式可以根据不同的形式或不同的交互深度进行划分。协同设计人员之间的信息交换总是涉及时间和空间两个元素，所以交互形式一般分为同步交互系统和异步交互系统。根据协同过程中的对协同信息需求的深度不同，可以将产品协同设计活动中的信息交互分为共享型协同设计、交换型协同设计和混合型协同设计，其中混合型协同设计是根据需求的不同进行资源共享或是资源交换的选择。

表 9-1 协同交互方式分类

	特征	共享型协同设计技术		交换型协同设计技术	
同步交互系统	实施有序	资源同步策略	写入锁	同步机制	实时通知
			通知重读		频率刷新
			副本复制		监听
异步交互系统	非实时非阻塞	资源冲突策略	版本控制	消息机制	消息通告
			访问控制		消息请求

第二节　协同设计系统的协同感知

一、任务感知

在协同设计系统中，协同项目中最小单元是任务，任务分配给项目成员，成员间通过任务完成状态、任务进程信息、任务设计成果、任务资源、任务消息等进行协同设计。在整个项目工作流程中，设计者感知其他任务执行者产生的消息然后执行自己的任务，或者自己进行任务操作或处理后要发送感知消息给其他协同者。这里的任务感知由协同设计系统的项目模块与任务模块提供，包括任务拓扑流程图、任务消息提醒、任务资源归档与推送等。

二、协同信息感知

协同设计系统的数据模型包括组织模型与信息模型，协同信息感知是对系统产生的组织数据与信息数据的感知。系统添加用户组或用户后，项目负责人可以感知并判断自己项目是否需要此用户；系统添加产品后，产品管理员可以感知并执行产品类型归类、产品信息管理，项目管理员可以感知并执行项目创建、项目产品开发人员分配、项目资源调度等操作；系统管理员或其他有消息发送权的管理员发送消息后，在感知范围内的协同设计系统用户可以感知并做出是否阅读消息的操作。这些都是协同设计系统的协同信息感知，它们存在于系统各功能模块之间、协同设计者之间，根据感知范围决定感知用户，根据感知模式决定感知方式。

三、图文档标注模块感知

协同设计系统允许设计人员对项目组内的设计图文档进行标注，标注产生的消息会被使用协同标注系统的其他设计者感知到并呈现在他们的标注客户端中。在系统的图文档模块中，可以直接在网页上查看图文档，并给图文档添加评论，可以给图文档添加新版本，这些操作会以消息的形式发送给设计者，设计者打开自己的设计稿会看到标注提示及标注者意见，这些信息的感知可以是双方的，也可以是多方的。

第三节　基于消息的协同感知

协同感知模型指出，协同设计中提高感知信息对设计人员交流的促进作用是协同感知的核心要素。基于信息可视化的协同感知模型 IVAM 提出：感知模型应该由感知对象、感知模式、感知范围、感知粒度共同约束的感知操作，并且应该记录协同设计任务的任务信息及设计角色信息。本节基于消息的协同感知模型，是在 IVAM 感知模型的基础上，加入用户角色定义以及任务流控制管理，以消息作为感知对象的基础与感知主体之间交互的手段。消息是研究核心，是感知对象，也是模型传递对象。

现在定义基于消息的协同感知模型 MBCAM （Message Based Collaborative Awareness Model）：MBCAM=<O，R，P，C，M>，其中 O 表示感知对象，R 表示感知范围，P 表示感知模型，C 代表感知规则，M 表示感知部件。

定义 1：感知对象 O。将感知信息抽象化的消息，即协同设计过程中协同设计人员的交互信息或协同平台中协同部件的交互信息，如任务进度消息、设计交互消息、资源分享消息等。

定义 2：感知范围 R。将感知消息置于一定的抽象范围，避免消息泛滥与错误转发。感知范围是基于用户角色管理模式与任务分配原则决定范围粒度，粗可达设计任务组，细至设计组中任一设计成员。

定义 3：感知模式 P。感知的表现方式，对于设计者是协同感知对象的人性化展现手段，对于协同模块是协同感知对象的正确通告行为。

定义 4：感知规则 C。感知消息分为触发、传递、分发、存储与接收等过程，感知规则定义进入相应阶段时应该具有的条件与处于相应状态时可以行使的动作。基于消息的协同感知模型中主要是基于任务流控制进行消息路由与分发，消息接收使用转换器与适配器作为模块与总线间接口。

定义 5：感知部件 M。感知对象与感知消息不可能适合每一个协同模块，而且感知消息只是抽象化的数据包，协同模块要接收并展示感知消息需要对消息进行过滤、转换、处理等操作，感知部件就是进行这些操作的中间件。

在任务设计拓扑定义的基础下，协同感知模型中的感知范围、感知模型、感知规则及感知部件相互结合，处理在网络中协同平台间传输的感知对象。

在基于消息的协同感知模型的基础上，本节提出将感知框架分成四个部分：感知消息处理模块、感知消息传输模块、模块端感知部件、消息通道。

感知消息处理模块通过感知消息队列方式缓存消息，并对收集到的感知消息进行分解、重排、整合等操作。

感知消息传输模块实现感知消息的路由决策、检查过滤以及存储归档，决定感知消息的去向。

感知部件作为协同设计系统里协同模块的组件接口，提供消息转换器，将感知消息翻译成协同模块可以呈现的方式。

在总体大模块中细分出感知消息各种消息处理部件，有分解器、重排器、聚合器、路由器、过滤器、分类器、转换器等，使用在协同感知框架的不同方面，进行消息的路由，使协同设计的消息源与消息的最终目标解耦合。

本节结合项目，设计基于消息的协同感知框架主体上使用的组合路由器的并行感知消息路由方法与静态路由表模式，但在特殊情况下允许特定模块调用简单路由器进行感知消息转发，动态感知消息管理只作相关的研究与模块测试。

第十章 工业设计的协同工作流

第一节 层次 Petri 网

工业设计的工作流系统中，任务数目较多，而且其中造型设计部门、工程设计部门和市场部门之间有着复杂的交互结构。所以在建立这类复杂程度较高的 Petri 网模型的时候，可以应用细化理论将 Petri 网模型层次化，在顶层对子网进行简单描述，在底层对子网进行详细描述，并用此子网来代替原始网中的库所和变迁，而且新加入的子网并不改变原先网的某些性质，通过自顶向下的方法，不断地对下一层的过程进行分解，从而可以自顶向下地构造多层次 Petri 网。

在工作流程中，有些工作任务是直接执行的或者说是不可分解的，称为原子任务，而有些工作任务实际上是一个工作过程，是可以进一步分解的，称为复合任务。所以在构造 Petri 网模型时，可以将变迁分为两类：基本变迁和非基本变迁。基本变迁表示不可分解的原子任务，非基本变迁可以用一个子网进一步的表示内部结构，表示复合任务。同样，在层次 Petri 网中的库所也可以分为基本库所和非基本库所。一个标识进入基本库所表示它为基本变迁服务，而非基本库所是子网在层次 Petri 网中的表示，一个标识进入非基本库所表示它为 Petri 网中的子网服务，它不能被层次 Petri 网中的变迁引发。在本节中，用一个子网代替层次 Petri 网中非基本变迁／非基本库所称为变迁细化和库所细化；用一个非基本变迁／非基本库所代替层次 Petri 网中的一个子网称为变迁抽象和库所抽象。

第二节　工业设计协同工作流模型

一、产品设计过程

下面以并行工业设计的开发流程来建立工作流模型。在此工作流中有4类人员：管理人员、工业设计人员、市场人员和工程人员。

产品开发流程大体上分为三个阶段：设计准备阶段、开发设计阶段、样机制作阶段。

（一）计划准备阶段

任何一个好的产品造型都不是凭空想象出来的，它们的形体是根据实际需要决定的。在设计新产品或者改造老产品的初期，为了保证产品的设计质量，设计人员应充分进行广泛的调查。调查的主要内容为：全面了解设计对象的目的、功能、用途、规格、设计依据及有关的技术参数、经济指标等方面的内容，并大量地收集这方面的资料；深入了解现有产品或者可供借鉴产品的造型、色彩、材质、该产品采用的新工艺、新材料的情况，不同地区消费者对产品款式的喜恶情况，市场需求、销售与用户反映的情况。

对所设计的产品进行调查之后，设计人员就通过运用经验、知识，寻找与思索可能达到的期望结果，并且充分利用调查资料和各种信息，运用创造性的各种方法，绘制出创意草图、预想图和效果图等，寻找一些功能化、人性化，外观、结构等有改进的方案，产生多种设计设想。对这些简略的设计草图进行评价，主要包含技术、创新性和经济性可靠方面的基本评价内容，确定出若干方案，数目一般为2到4个。

（二）开发设计阶段

设计人员对这几个方案进行初步的设计，确定大概的总体尺寸和基本形体，并通过三维建模绘制 3D 设计图，更精确直观地构思出产品的结构。

确定产品造型设计方案后，将所有的设计方案集中起来，评价并确定最终方案，这时的方案会比较细致，包括产品的系列化方案、材料等。结构工程师、工艺工程师也会介入，对方案提出一些建设性的意见，如脱模方面的意见、坚固性、内部结构与外型的匹配意见，等等。

在确定了最终方案以后，进入详细设计阶段，工业设计师制定工业设计方案，对产品造型进行详细的工业设计。

产品工业设计虽然有一定的原则遵循，但没有固定的格式。要做出较好的设计方案，应该从设计方法着手，对于所设计的产品进行多方面的比较、分析、淘汰、归纳，进行深入的设计。具体来讲，从以下几个方面进行设计：

1.总体布局设计

在构思草图和效果图的基础上，依据技术参数，结合产品结构和工艺，确定有关尺寸数据、结构布置，进而确定产品的基本形体和总体尺寸。

2.人机系统设计

根据人机工程学的要求，在总体布局的基础上，权衡产品各部分的形状、大小、位置、色彩。

3.比例设计和线性设计

为使总体造型达到令人满意的视觉效果，应根据产品的功能、结构和形体进行设计，既要达到参数规定的要求，又要符合形式美的法则，考虑整体与布局、局部与局部的比例关系，并提出产品轮廓进行现行设计。

4.色彩设计

主要是主色调的选用。要根据产品的功能、人们的生理和心理需求，以及表面装饰工艺的可能性和经济性，进行色彩设计。

工程技术人员则制定工程技术方案,对产品的内部零部件结构进行设计,确定完成使用性能、确定内部装配结构，并对内部零件和装配进行工艺分析,绘制内部零件图和装配图。在详细设计阶段，由于可能出现多种方案，要从技术性能和经济性能对多种方案进行评价和比较，还要进行工艺分析。

（三）模型样机制作

制作样机是产品设计的最后阶段。通过外形图、内部零件图和装配图，完成样机模型。工程技术部门对样机进行调试实验，测试样机产品的可靠性等。市场部门则制定销售计划，对试用顾客使用意见进行归纳并反馈到工程技术部门或者工业设计部门，对产品进行改进。

二、工业设计 Petri 网模型

根据图 10-1 所示的产品开发流程，其 Petri 网模型可采用自上而下的建模方法，库所表示任务，变迁表示任务的执行或结果。其过程为：决策人员确定了某产品的开发构思后，开始新产品的可行性分析任务，此任务可以由子网代替，构成一个非基本变迁，在库所 S1 产生一个标识，按照不同的条件流行不同的任务，若触发了草图的设计任务，通过初步评价确定了 2 到 4 个产品草图方案，并对草图方案分别进行初步设计得出初步方案，此任务由一个基本变迁构成，通过对初步设计进行评价得出一个最佳方案后，在库所 S3 产生一个标识，这个标识通过与变迁又分别在库所 S4、S6 库所中各产生一个标识。这个标识分别触发了两个变迁，造型设计任务和工程设计任务，这两个任务可以并行进行。这两个任务由两个非基本变迁表示，被对其所对应的子网所代替，设计流程在子网里可以被详细的描述。当这两个变迁所对应的任务完成后，就在其后的库所中产生一个所对应的标识。再由与变迁触发库所，并产生一个标识，这个标识由触发两个变迁，调试实验任务和市场预使用任务，在完成实验和改进任务后，最终库所产生一个标识表示整个开发设计流程结束。

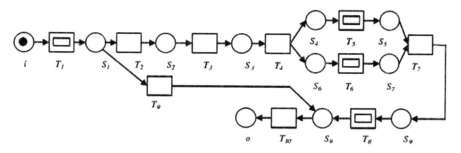

图 10-1　顶层 Petri 网模型

图 10-1 中各变迁所代表的意义：

T₁：产品可行性分析任务，非基本变迁；

T₂：确定设计任务；

T₃：草图设计任务；

T₄：任务分解，与变迁；

T₅：造型设计任务，非基本变迁；

T₆：工程技术任务，非基本变迁；

T₇：工程技术任务，与变迁；

T₈：样机改进任务；

T₉：取消设计任务；

T₁₀：项目完成。

建立非基本变迁所对应的底层子工作流网模型。

在确定了产品构思后进行对新产品的可行性分析任务。此复合任务包括了并行组件和循环组件。其工作流如图 10-2 所示。

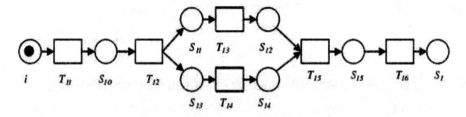

图 10-2　调查分析人物模型子网

图 10-2 中各变迁所代表的意义：

T₁₁：产品可行性分析任务；

T₁₂：确定设计任务；

T₁₃：产品造型分析；

T₁₄：工程技术分析；

T₁₅：工程技术分析与变迁；

T₁₆：评估产品可行性。

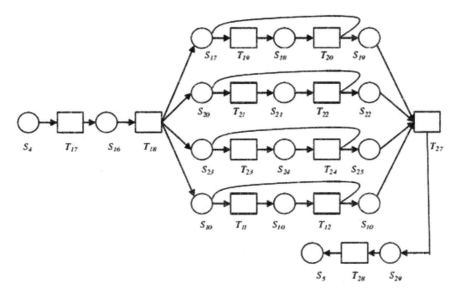

图 10-3　造型设计任务模型子网

确定了产品方案以后，进行对产品的造型设计任务和工程设计任务。造型任务中总体布局设计 T_{19}、人机系统设计 T_{21}、线型和形体设计 T_{23}、色彩设计 T_{25} 采用并行设计结构，T_{20}、T_{22}、T_{24}、T_{26} 分别表示对各设计进行评价和分析。具体流程如图 10-3 所示。

图 10-3 中各变迁所代表的意义：

T_{17}：确定造型设计方案；

T_{18}：造型设计任务分解；

T_{19}：造型总体布局设计；

T_{20}：总体布局设计评价；

T_{21}：人机系统设计；

T_{22}：人机系统设计评价；

T_{23}：线性和形体设计；

T_{24}：线性和形体设计评价；

T_{25}：色彩设计；

T_{26}：色彩设计评价；

T_{27}：造型设计任务汇总；

T28：造型模型图纸。

工程设计流程也采用并行设计结构，在确定了设计任务后，分别进行结构设计 T31 和零件设计 T35。初步设计完成后，进行工艺分析 T33，然后分别进行修改，在进行装配设计 T34，对装配设计进行装配工艺分析并改进后，完成设计。具体工作流程如图 10-4 所示。

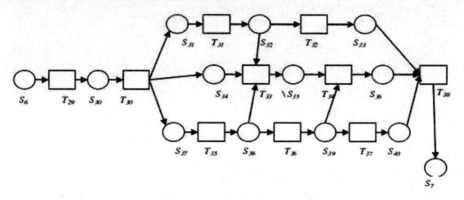

图 10-4　工程设计任务模型子网

图 10-4 中各变迁所代表的意义：

T29：工程设计方案；

T30：工程设计任务分解；

T31：内部结构设计；

T32：内部结构设计改进；

T33：工艺分析；

T34：装配工艺分析；

T35：零件设计；

T36：装配设计；

T37：装配设计改进；

T38：工程设计任务汇总；

T39：内部零件图与总装配图。

在得到了造型设计图纸和工程设计图纸后，进行样机设计，对样机进行各种实验和测试，并且进行预销售，将使用人员的使用信息反馈回来，对样机进行修改。修改完成后完成设计任务。具体流程如图 10-5 所示。

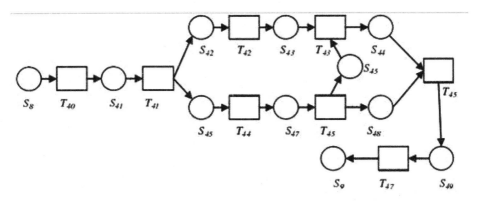

图 10-5 样机试制任务模型子网

图 10-5 中各变迁所代表的意义

T_{40}：样机模型试制；

T_{41}：任务分解；

T_{42}：样机调试实验；

T_{43}：样机修改与改进；

T_{44}：预销售；

T_{45}：预使用；

T_{46}：任务汇合；

T_{47}：设计完成。

第五部分　网络化协同设计系统实现与评价

第十一章　网络化协同设计系统实现与应用

第一节　系统技术框架的实现

主体系统是采用 B／S 架构，数据库使用 MySQL5.8，容器使用 Java Web Tomcat7，由于 Java 的跨平台性，运行服务器为 Windows Server 与 Ubuntu Server。

开发编码充分使用 MVC 模式进行代码分层，主要划分为实体层、数据访问层、服务接口层与页面表现层。系统技术框架如图 11-1。

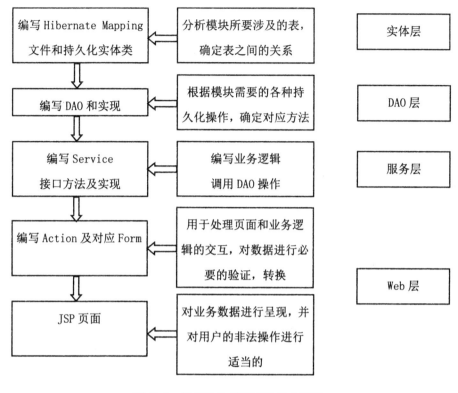

图 11-1 协同设计系统开发技术框架

第二节 协同设计系统的实现

协同设计系统分为两个部分：一个是个人设计门户，一个是管理组件，分别提供个人协同设计的各个设计与应用功能，和作为拥有相应管理权限的负责人的协同管理功能。

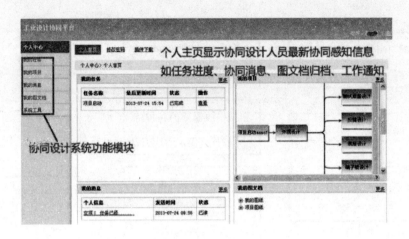

图 11-2　协同设计设计系统个人主页

　　图 11-2 中的协同设计系统个人端提供设计者协同过程中最重要的项目信息与任务信息。并提供消息模块与图文档管理模块。进入相应模块可以进行不同的协同设计功能。图 11-3 是当设计者在协同系统中取得相应的权限后获取相应的管理模块功能。

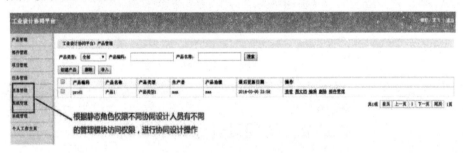

图 11-3　协同设计系统管理端

第三节　多 Agent 架构演示

　　目前协同设计系统的多 Agent 技术应用于协同设计图文档的协同标注系统中与消息提醒功能中。协同标注使用 JWS 方式以插件形式启动，用户下载 JNLP（Java 网络语言协议）文件，启动协议文件时会自动从协同设计系统获

取 Agent 并启动,启动后可以将 Agent 与服务端 Agent 进行连接。C / S 架构
的 Agent 连接如图 11-4。

图 11-4 C / S 架构的 Agent 连接

当协同设计组内成员对同一设计文档进行标注时,他会把本用户的新增
协同标注发送到服务器,经由他分发给当前在线的其他协同设计人员,其他
协同设计人员接收到标注信息后会在标注工具上显示。

第四节 协同感知技术演示

协同设计系统的中提供 Vrml 格式的图文档的可视化,提供协同标注的
异步显示。

协同设计系统呈现进度管理信息,此处通过进度流程与颜色标识两种协
同感知呈现方式体现协同过程。

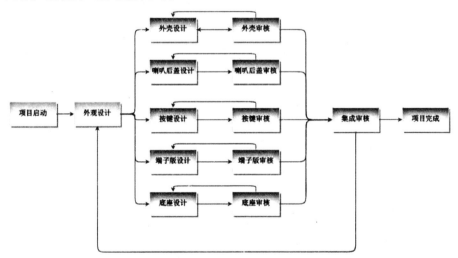

图 11-5 协同项目任务进度信息感知

图 11-5 中，任务激活后完成了会显示绿色，任务执行中会显示橙色，任务未被激活会显示红色。协同设计人员可以点击任务块查看任务信息，拥有权限者或者任务执行者可以修改任务信息。

系统提供实时消息提醒，一旦协同设计组员产生协同设计动作，动作消息会发送到其他组员个人平台，其他组员不需要刷新页面即可接收到消息推送。协同设计实时消息推送感知界面如图 11-6。

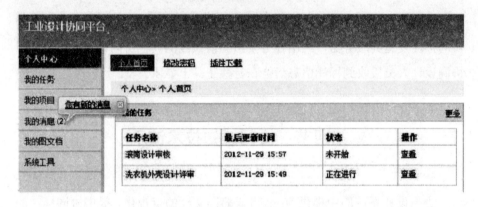

图 11-6　协同设计实时消息推送感知

第十二章 工业设计评价

第一节 工业设计评价特点

对工业设计而言，其宗旨是改变人们的生活方式，提升人们的生活质量，其实质在于创造，其作用是连接消费者和生产经营者的纽带和桥梁，其范畴涉及技术与艺术、科学和美学等多种领域。因此，工业设计评价有以下明显特点。

一、评价项目的多样性

工业设计考虑的因素很多，涉及的领域极广，较之工程设计更加复杂。比如对工业设计中的评价项目来说，如造型因素、审美价值、社会效果等方面的评价，显然要有较多的体现，而工程设计的评价中则考虑得相对较少。

二、评价标准的中立性

工业设计作为连接生产经营者和消费者的纽带和桥梁，有责任克服狭隘的功利主义，兼顾两者的利益和要求，以较为客观、中立的标准来进行设计评价。设计评价的标准直接影响着评价结果，评价中的主观因素也起着一定的作用。因此，建立科学、客观、公正的评价标准，体现出工业设计的特性是十分重要的。

三、评价判断的直觉性

由于工业设计的评价项目中包括许多艺术性的精神的或感性的内容，在评价中将在较大程度上通过直觉判断，即直觉性评价特点较为突出。

四、评价结果的相对性

由于评价中的直觉和经验判断较多，感性的成分较大，工业设计的评价结果就较多地受个人主观因素的影响，更具有相对性，这是需要重视的。在评价中多采取模糊评价的方法，或者通过增加评价人数，改进评价方法，严格评价要求等，以减少相对性，提高精确性。

第二节　设计评价的过程

通常，设计评价的一般过程包括：首先，分析设计中提出的有关评价的问题，明确对评价的要求及评价所要实现的基本目标；其次，以评价对象的特点、品质等的因素作为评价目标，并对这个系统进行分解，把问题归类；最后，选择合适的评价方法。

在选择评价方法之前，需要先设定评价目标。评价目标是针对设计所要达到的目标而确定的，用于确定评价范畴的项目。

一般来说，工业设计的评价目标大致包括以下几个方面的内容：技术评价目标、经济评价目标、社会性评价目标、审美性评价目标。

评价目标树是建立评价目标的一种模型。即将总目标细化为一些子目标，并用系统分析图的形式表示出来，就形成了某个设计评价的目标树（如图 12-1 所示）。

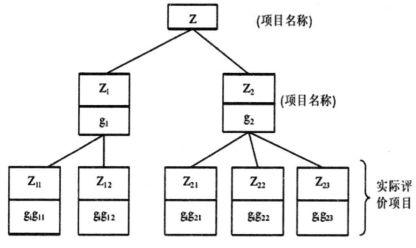

图 12-1 评价目标树

其中，Z 为总目标，Z_1，Z_2 为其子目标，Z_{11}，Z_{12} 又分别为 Z_1 的子目标，Z_{21}，Z_{23} 则是 Z_2 的子目标。目标数的最后分支即为总目标的各具体评价目标。图中 g_1、g_2、g_ig_{11}、g_ig_{12}、g_ig_{21}、g_ig_{23} 为加权系数。子目标的加权系数之和为上一级目标的加权系数。

第三节　设计评价方法

目前国内外已经提出 30 多种设计评价方法，一般分为三类：经验性评价方法、数学分析类评价方法、试验评价方法。其中数学评价方法是运用数学工具进行计算、推导和分析，使评价结果更为客观，尽可能的减少主观因素的影响，所以数学分析类评价方法是此系统的主要评价方法。系统选用其中的四种数学类评价方法：名次计分法、评分法、技术经济法、模糊评价法。在此仅介绍前两种：

一、名次计分法

名次计分法是由一组专家对 n 个待评价方案进行总评分，每个专家按方

案的优劣排出 n 个方案的名次，名次最高者给 n 分，名次最低者给 1 分，以此类推。最后把每个方案的得分数相加，总分最高者为最佳。在名次计分法中，专家意见的一致性程度是确认评价结论是否准确可信的重要方面，对于评分专家们的一致性程度，可用一致性系数 c 来表达。一致性系数的计算公式如下：

$$c = \frac{12s}{m^2(n^3-n)} \quad s = \sum x_i^2 - (\sum x_i^2)/ni$$

式中 c 为一致性系数；m 为参加评分的专家数；n 为待评价方案数；s 为各方案总分的差和，计算公式如下：

$$s = \sum x_i^2 - (\sum x_i)^2/n$$

x_i 为第 i 个方案的总分。一致性系数越接近于 1，表示意见越一致。

二、评分法

评分法是针对评价目标，依直觉判断为主，按一定的打分标准作为衡量评定方案优劣的一种定量性评价方法。如果评价目标为多项，要分别对各目标评分，然后再经统计处理求得方案在所有目标上的总分。首先，设置评分标准，一般使用五分制和十分制对方案进行打分，专家通过直觉及经验判断的方法确定其具体应属于哪种优劣程度区段，对照评分标准给出评分，接下来的工作就是要对各方案在所有评价项目的得分进行统计，算出总分。总分的计算方法一般有分值相加法、分值连乘法、均值法、相对值法和有效值法。取得总分以后，其总分高低可以综合体现方案的优劣，分值高者为优，对于采用有效值法的情况，有效值高者为优。

一般的设计评价可以选择简单、直观些的计分方法以减轻工作量，提高效率。对于要求比较高的评价或各评价目标的重要性程度差别很大（加权系数差别大）的情况下，选用有效值法是有必要的。有效值的计算可用集合和矩阵的方法加以表达。

整个设计评价目标系统可视为一个集合，评价目标集合可表示为 U={u₁，

$u_2\cdots u_n$}；各评价目标的加权系数也是一个集合，可表示为 G={g_1，$g_2\cdots g_n$}，式中，$g_i \leqslant 1$，$\Sigma g_i=1$。

有 m 个方案对应 n 个评价目标上的评分值。用矩阵表示为：

$$P = \begin{bmatrix} p_1 \\ p_2 \\ \vdots \\ p_j \\ \vdots \\ p_m \end{bmatrix} = \begin{bmatrix} p_{11} & p_{21} & \cdots & p_{1i} & \cdots & p_{1n} \\ p_{21} & \cdots & & & & \vdots \\ \vdots & & & p_{ji} & & \\ p_{j1} & \cdots & & & & \\ \vdots & & & & & \\ p_{m1} & \cdots & & & & p_{nm} \end{bmatrix}$$

各评价目标的加权系数为： $G = [g_1 g_2 \cdots g_n]$

M 个方案的有效值矩阵为： $N = GP^T = [N_1 N_2 \cdots N_J \cdots N_M]$

式中： $Nj = GP^T = g_1 pj1 g_2 \cdots p_j g_n$

N_j 的数值越大，表示此方案的综合性能越好。

第六部分　结论与展望

第十三章　总结与展望

随着经济的快速发展，人们的消费观念也不断改变，产品的功能已经不再是消费者购买的最主要因素，产品的外观、品味、质量等越来越受到重视，这使得工业设计的重要性日益凸显。因此，将分布式协同工作的理论引入到工业设计中，可以使设计师们集思广益，设计出更优秀的产品，也可使工业设计自身得到更大的发展。网络化协同工业设计为设计人员提供了协同设计的环境，通过合理的工作流模型也能更好地提高产品设计效率。本书主要针对网络化协同工业设计系统做了研究，取得了一定成果，也存在一些不足。

第一节　主要工作与结论

本书所做的工作包括以下内容：

1.本书是在查阅大量资料的基础上，对工业设计和计算机支持的协同工作各自的发展做了综述，并总结了信息化时代工业设计的特点，陈述了网络化协同设计在国内外的发展情况，为以后的研究奠定了基础。

2.对网络化协同设计系统的体系进行了一些研究。对网络化协同设计的定义和特点进行了阐释，并将工业设计引入到网络化协同设计系统中，对网络化协同工业设计系统的特性、体系结构、功能需求进行了分析，提出了所需的关键技术。

3.研究了三维图形的可视化技术，提出了在 B／S 结构中客户端的显示技术，通过对 Applet、VRML、Java3D 技术的分析，本书采用 Java3D 与 Appelt 结合来实现图像可视化。然后针对客户端图形的显示进行了详细的分析，包括三维图形的加载、显示、操作等。

4.阐述了设计评价的特点，评价过程，以及评价树、评价方法等相关概念。对四种评价方法进行了分析，并通过软件编程实现了网络化协同工业设计系统中设计评价功能。

5.了解了基于 Petri 网理论建立工作流的相关知识，深入分析了工业设计的并行工作流程，通过细化理论和层次 Petri 网理论，建立了一个由上至下的顶层 Petri 网模型和四个子网模型，其中顶层模型的描述可以细化，子模型所对应的子系统的活动展开相对独立。这样，模型的局部复杂度对全局复杂度的影响就大大降低，从而提高了模型对系统的抽象能力。利用评价树算法对工作流模型进行了合理性分析，通过并行模型和串行模型的比较对模型进行了性能分析。

6.利用 Java 编程语言，实现了系统的各模块功能，设计了网络化协同工业设计系统。系统界面简洁，操作简单，可以有效提高工业设计效率。

第二节　展望

尽管在网络化协同工业设计系统方面做了很多的研究和尝试，但是鉴于知识水平和时间的限制，本书还存在一些不足之处：

1.书中只是提出了协同设计系统最基本的框架，其结构和功能都有待完善和加强，例如还可以利用专家系统对系统进行优化；

2.设计评价的评价方法有很多种，本文只是针对其中几种进行了分析。可以添加更多的评价方法，对系统进行扩充；

3.在书中，建立的 Petri 网工作流模型只涉及了工作流中的过程控制，并未涉及其他方面，下一步可以通过扩展 Petri 网，如在有色 Petri 网、时间 Petri 网的基础上进行研究；

4.在对工作流模型进行性能分析时，文中只是将建立的模型和传统的串行模型相比较，进行简单的性能计算。还可以增加对其他性能参数的计算；

5.本书只是给出了一个原型系统，需要结合企业的实际需要，开发出实用的商用软件。

参考文献

[1]张立群. 计算机辅助工业设计[M]. 上海：上海美术出版社，2004.

[2]关俊良，王宇. Rhino+3DMax 产品造型设计[M]. 北京：北京理工大学出版社，2009.

[3]倪培铭，郭盈. 计算机辅助工业设计[M]. 北京：中国建筑工业出版社，2009.

[4]谢友柏. 现代设计理论和方法的研究[J]. 机械工程学报. 2004.

[5]张宪荣，张萱. 工业设计导论[M]. 北京：化学出版社，2008.

[6]卢艺舟，华梅立. 工业设计方法[M]. 北京：高等教育出版社，2009.

[7]丁涛，王芳. 网络化协同设计制造研究现状及进展[J]. 石油化工设备，2011.

[8]田凌，童秉枢. 网络化产品协同设计的理论与实践[J]. 计算机工程与应用，2002.

[9]吴哲辉. Petri 网导论[M]. 北京：机械工业出版社，2006.

[10]王经卓，殷国富. 基于 B／S 模式的远程协同设计系统的实施方法[J]. 四川大学学报（工程科学版），2000.

[11]周光辉，江平宇. 基于 Web 的多 CAD 系统信息共享集成环境的研究[J]. 西安交通大学学报，2001.

[12]何发智，高曙明，王少梅，孙国正. 基于 CSCW 的 CAD 系统协作支持技术与支持工具的研究[J]. 计算机辅助设计与图形学学报，2002.

[13]李建华. 计算机支持的协同工作[M]. 北京：机械工业出版社，2010.

[14]胡艳军，陈浩，钱亚东等. 基于 WEB 和移动通信技术的工作流管理系统[J]. 制造业自动化，2004.